RECUEIL

DE COMPOSITIONS

DE MATHÉMATIQUES et DE PHYSIQUE.

Baccalauréat ès Sciences complet.

On trouve à la même librairie :

Recueil de Sujets de Compositions de Physique et d'Histoire Naturelle, donnés la plupart aux examens des facultés des sciences de Paris et des départements, avec des modèles de solutions et de développements, *à l'usage des aspirants au Baccalauréat ès sciences restreint*, par *M. François Franck*, ancien professeur de sciences mathématiques et physiques à Paris; in-12, *avec gravures dans le texte.*

Recueil de Versions latines, données récemment aux examens des facultés des sciences de Paris et des départements, avec la traduction française, à l'usage des aspirants au Baccalauréat ès sciences, par *M. E. Vallat*, ancien professeur à Paris : 2e édition; in-12.

Manuel complet et méthodique des Aspirants au Baccalauréat ès Sciences complet, conforme au programme officiel, par *MM. J. Langlebert*, professeur de sciences physiques à Paris, et *E. Catalan*, agrégé de l'Université, professeur de sciences mathématiques à Paris; 2 gros vol. in-12, de 2000 pages, *composés de* 8 *parties*, 8 *planches gravées et* 1200 *gravures intercalées dans le texte.*

Chaque Partie de ce Manuel se vend séparément.

Manuel complet et méthodique des Aspirants au Baccalauréat ès Sciences restreint pour la partie mathématique, conforme au programme officiel, à l'usage des bacheliers ès lettres aspirants au doctorat en médecine, par *MM. J. Langlebert*, professeur de sciences physiques à Paris, et *E. Catalan*, agrégé de l'Université, professeur de sciences mathématiques à Paris; 2 forts vol. in-12, *composés de* 5 *livraisons, avec* 950 *gravures intercalées dans le texte.*

Chaque Livraison de ce Manuel se vend séparément.

NOUVEAU RECUEIL

DE

SUJETS DE COMPOSITIONS

DE MATHÉMATIQUES ET DE PHYSIQUE

DONNÉS AUX EXAMENS DES FACULTÉS DES SCIENCES

AVEC DES MODÈLES DE DÉVELOPPEMENTS

A l'usage des Aspirants au Baccalauréat ès Sciences complet

Par Charles FRANÇOIS-FRANCK

PROFESSEUR DE SCIENCES MATHÉMATIQUES ET PHYSIQUES.

TROISIÈME ÉDITION

REVUE ET AUGMENTÉE

PARIS.

IMPRIMERIE ET LIBRAIRIE CLASSIQUES

De JULES DELALAIN et FILS

RUE DES ÉCOLES, VIS-A-VIS DE LA SORBONNE.

M DCCC LXIV.

1864

CONSEILS

AUX CANDIDATS.

Depuis la réforme des études de 1852, le diplôme de bachelier ès sciences peut s'obtenir sans justifier du diplôme de bachelier ès lettres; il est actuellement exigé pour l'admission aux écoles polytechnique et militaire : l'examen du baccalauréat ès sciences a pris ainsi une importance plus sérieuse et plus grande, et le nombre des candidats s'est considérablement augmenté.

Les réformes faites dans les études ont nécessité en même temps des modifications aux anciens programmes d'examen. Les nouveaux programmes ont changé complétement la forme et la nature des épreuves : maintenant, les candidats ont à subir deux épreuves : l'une écrite, l'autre orale; ils ne sont admis à la seconde qu'autant qu'ils ont réussi dans la première.

L'épreuve écrite se compose d'une version latine et d'une composition sur un ou plusieurs sujets de mathématiques et sur un ou plusieurs sujets de physique. Les candidats sont d'autant plus sûrs de réussir à cette épreuve, qu'ils y sont préparés par des exercices analogues à ceux qui leur sont demandés au jour de l'examen. A cet effet, nous avons réuni dans ce volume un grand nombre de sujets de compositions donnés tant à la faculté des sciences de Paris que dans celles des départements. Les candidats s'exerceront avec avantage sur ces sujets. Afin de les aider et de les diriger dans ce travail, nous avons mis, à la suite de ces sujets de compositions, la solution développée d'un certain nombre de problèmes, et des indications sur la manière de traiter quelques questions de théorie.

Nous donnerons ici quelques conseils utiles au candidat, qui doit d'abord distinguer quels sont les théorèmes qui servent de base à la théorie dont on lui demande le développement; et comme « la théorie est la réunion, en corps de doctrine, de certaines propositions ou de certains faits qui établissent, soit la vérité mathématique, soit la vérité physique, » il faut qu'il sache discerner, parmi ces vérités ou ces faits, ceux qu'il doit seulement citer et ceux qu'il doit démontrer.

Prenons un exemple; car nous ne saurions trop insister sur cette partie, la plus importante de la composition écrite. Supposons qu'on demande de trouver la surface du rectangle et celle du parallélogramme. On démontrera : 1° que deux rectangles de même hauteur sont entre eux comme leurs bases, et que deux rectangles de même base sont entre eux comme leurs hauteurs; 2° que deux rectangles quelconques sont entre eux comme les produits des bases par les hauteurs; 3° on en déduira la surface du rectangle; 4° on ne démontrera pas l'équivalence du parallélogramme et du rectangle de même base et de même hauteur ; on citera seulement ce théorème et on en déduira la surface du parallélogramme.

Les préceptes pour traiter la question de théorie en physique sont identiquement les mêmes que ceux que nous venons de donner : discernement des faits à citer et des faits à prouver, soit rationnellement, soit expérimentalement. Ainsi supposons que l'on demande d'exposer la théorie de la machine électrique, on citera seulement les principes de l'électricité par influence et par frottement sur lesquels repose cette théorie. On décrira la machine dans son plus grand état de simplicité, et l'on fera voir comment, par le frottement, le plateau se charge d'électricité positive, les coussins d'électricité négative ; comment encore l'électricité positive du plateau décompose l'électricité libre du conducteur, etc. Le style doit toujours être clair, concis, sans ces développements oiseux qui rendent une rédaction lourde et souvent incompréhensible.

Pour arriver à la solution d'un problème, il faut se pénétrer du sens de l'énoncé, en bien comprendre les conditions; supposer le problème résolu, si c'est un problème de géométrie, un problème où il y ait des constructions à effectuer ; discerner les relations qui lient les lignes à trouver avec les lignes données ; tirer, dans certains cas, des lignes auxiliaires ; enfin chercher dans ses souvenirs les théorèmes qui peuvent servir à la solution demandée.

Dans les problèmes d'algèbre, on sait qu'il faut représenter les inconnues par les lettres x, y, z..., les données étant représentées par des nombres ou les lettres a, b, c....; examiner quelles opérations on aurait à faire si, la valeur de l'inconnue étant trouvée, on voulait s'assurer qu'elle remplit toutes les conditions de la question ; enfin résoudre l'équation qui résulte de la mise en équation du problème. Dans les problèmes de physique, on doit chercher à quelle théorie se rapporte la question à résoudre, et voir quels sont les principes ou les formules qui peuvent être employés.

Nous ne pouvons donner ces préceptes que d'une manière générale : la marche la plus sûre, le moyen le plus efficace pour arriver à savoir résoudre un problème, c'est de s'y exercer constamment et graduellement.

SUJETS

DE

COMPOSITIONS DE MATHÉMATIQUES

DONNÉS

AUX EXAMENS DES FACULTÉS DES SCIENCES.

1.

1° Qu'appelle-t-on ligne de plus grande pente d'un plan incliné? Démontrer que cette ligne est effectivement, parmi toutes les droites tracées dans le plan incliné, celle qui forme le plus grand angle avec le plan horizontal.

2° Partager un arc de 30° en deux parties telles que le sinus de la première soit le triple du sinus de la deuxième.

(Paris, 5 avril 1864.)

2.

Étant donnée la hauteur d'un cône, la partager en trois parties, de façon que les plans parallèles à la base menés par les points de division partagent sa surface latérale en trois parties équivalentes.

(Paris, 12 avril 1864.)

3.

Calculer à $0^{m.},001$ près le périmètre d'un octogone régulier inscrit dans un cercle dont le rayon est $3^{m.},50$.

(Paris, 15 avril 1864.)

4.

1° Tout nombre qui divise un produit de deux facteurs et qui est premier avec l'un d'eux divise l'autre.

2° Partager le nombre 195 en trois parties qui forment une progression géométrique dont le troisième terme surpasse le premier de 120.

(Paris, 13 avril 1863.)

5.

1° Quel est le rectangle maximum qu'on puisse inscrire dans un carré donné ?

2° Calculer l'angle x donné par l'équation $2 \sin x = \sin (45 - x)$.

(Paris, 21 avril 1863.) *Sujet développé.*

6.

1° Deux droites perpendiculaires à un même plan sont parallèles.

2° Calculer le volume d'un tétraèdre régulier dont l'arête a une longueur de 1 mètre.

(Paris, 23 avril 1863.)

7.

Calculer à $0^{m.},001$ près le rayon d'un cercle, sachant que la surface de l'octogone régulier inscrit surpasse de 1 mètre carré celle de l'hexagone régulier inscrit.

(Paris, 14 juillet 1863.)

8.

1° Étant donnés deux droites et un point dans leur plan, on demande de mener par ce point une droite dont la partie comprise entre les deux droites données ait le point pour milieu.

2° Calculer ce que produira en huit ans un capital de 3625 francs, placé à intérêts composés au taux de 4 p. 100 par an.

(Paris, 28 juillet 1863.)

9.

Déterminer la valeur de x pour laquelle la fraction $\frac{3x^2 - 12x + 1}{x^2 + 2}$ devient maximum.

(Paris, 31 juillet 1863.)

10.

1° Établir les principales propriétés des progressions géométriques.

2° Une sphère est introduite dans un cône renversé dont l'angle du sommet $ASB = 2\alpha$ est donné. Calculer le rapport ou volume compris entre la surface inférieure de la sphère et le sommet du cône, au volume de la sphère entière. Après avoir établi la valeur générale du rapport, on y fera $\alpha = 60°$, et on donnera les deux premières décimales du résultat.

(Donné le 3 novembre 1863 en concours dans toutes les facultés.)

Sujet développé.

11.

Le rayon d'un cercle est 1 mètre : calculer à $0^{m.q.},01$ près la portion de la surface du cercle comprise entre une corde située à $0^{m.},70$ du centre et le diamètre parallèle.

(Paris, 7 novembre 1863.)

12.

Calculer à 1 mètre près la longueur d'un arc de parallèle terrestre, sachant que la latitude de ce parallèle est $48^\circ\ 50'$ et que la différence de longitude des deux extrémités de l'arc est $3^\circ\ 36'$. On supposera la terre sphérique et la circonférence de son grand cercle égale à 40000000 de mètres.

(Paris, 13 novembre 1863.)

13.

On donne une sphère dont le centre est O et le rayon 1 mètre; un point A, à une distance de 2 mètres de O, est le sommet d'un cône circonscrit à cette sphère. On demande le volume de ce cône, en prenant pour base le cercle circonscrit.

(Paris, 3 avril 1862.)

14.

On donne un triangle ABC, dont la base AC égale 2 mètres et la hauteur égale 1 mètre. On demande de mener une droite BX qui partage le triangle en deux autres, tels que leur différence ou leur somme soit au rectangle des deux segments AX, CX dans un rapport donné.

(Paris, 7 avril 1862.)

15.

Les côtés d'un triangle sont 32 mètres, 28 mètres et 37 mètres. Calculer à $0^{m},001$ près les côtés d'un second triangle, semblable au premier et ayant une surface triple.

(Paris, 11 avril 1862.)

16.

1° Étant donné un trapèze ABCD dont les deux bases parallèles sont égales respectivement à 5 mètres et à 3 mètres, on demande par quel point I de la diagonale AC passe la droite EF parallèle au côté AD qui divise le trapèze en deux parties AEFD, EBCF qui sont dans le rapport de 2 à 3.

2° Partager le nombre 327 en trois parties proportionnelles aux nombres $\frac{2}{3}$, 6 et $\frac{7}{8}$.

(Paris, 12 juillet 1862.)

17.

1° On mène une droite par les milieux des côtés parallèles d'un trapèze, et l'on propose de démontrer qu'en prolongeant cette ligne, ainsi que les deux côtés non parallèles, ces trois droites iront se couper en un même point.

2° Démontrer que la surface de la sphère est égale à la circonférence d'un grand cercle multipliée par le diamètre. Quelle sera la surface d'une sphère de $0^{m},21$ de rayon. On fera le calcul en prenant $\pi = 3,1416$.

(Paris, 21 juillet 1862.)

18.

La perpendiculaire abaissée du sommet de l'angle droit d'un triangle rectangle partage cette hypoténuse en deux segments dont les longueurs sont respectivement $2^{m.},88$ et $5^{m.},12$. On demande de calculer, à $0^{m.},001$ près, les côtés de l'angle droit.

(Paris, 5 août 1862.)

19.

Un observateur est placé à une hauteur de 120 mètres au-dessus du niveau de la mer; l'angle formé par le rayon visuel aboutissant à l'horizon sensible avec la verticale est de $89° 39'$. Déduire de ces résultats une valeur approchée du rayon de la terre supposée sphérique.

(Paris, 6 novembre 1862.) *Sujet développé.*

20.

Les côtés de l'angle droit d'un triangle rectangle ont pour longueur $3^{m.},128$ et $4^{m.},275$. Calculer à un millimètre près, les deux segments déterminés sur l'hypoténuse par la bissectrice de l'angle droit.

(Paris, 10 novembre 1862.) *Sujet développé.*

21.

On donne dans un triangle rectangle l'hypoténuse $a = 12^{m.}$, et le rapport $\frac{b}{c}$ des côtés de l'angle droit $= \frac{2}{3}$. Calculer les deux côtés.

(Paris, 11 novembre 1862.)

22.

1° Par un point pris sur un plan ou hors de ce plan, on ne peut mener qu'une seule perpendiculaire à ce plan.

2° Soit AB une droite perpendiculaire au plan MN et BC une droite quelconque, tracée dans ce plan par le pied B. Supposons AB = 850$^{m.}$, BC = 800$^{m.}$. On propose de calculer l'oblique AC.

(Paris, 9 avril 1861.)

23.

Sur la ligne AB = 1$^{m.}$, on prend un point O entre A et B; on construit le triangle équilatéral AOE sur la partie AO, et le carré OBCD sur la partie OB. Cela posé, la surface du pentagone ABCDE dépend de la position du point O sur AB, et l'on demande : 1° de déterminer la position du point O qui convient au maximum ou au minimum du pentagone ABCDE; 2° de calculer les surfaces maximum ou minimum, à 0,001 près.

(Paris, 12 avril 1861.) *Sujet développé.*

24.

1° On demande de déterminer sur la tangente AB, en un point A d'un cercle dont le centre est C, un point D, tel que la partie DE, comprise entre ce point et la circonférence sur la droite menée du point D au centre C, soit la moitié de AD.

2° Démontrer que la somme des n premiers nombres impairs égale n^2.

(Paris, 16 avril 1861.)

25.

Calculer combien on doit prendre de termes d'une progression arithmétique : 5 . 9 . 13... pour que leur somme soit égale à 10877.

(Paris, 14 juillet 1861.) *Sujet développé.*

26.

On doit payer chaque année une somme de 2000 fr. pendant 12 ans : on demande de remplacer cette annuité par un seul payement effectué dans quatre ans. Quelle sera la somme à payer en supposant le taux de 5 p. 100?

(Paris, 16 juillet 1861.)

27.

Calculer avec sept chiffres décimaux la valeur que prend l'expression

$$\frac{\sin 7x}{\sin x} - 2 \cos 2x - 2 \cos 4x - 2 \cos 6x,$$

lorsqu'on suppose $x = 83^\circ\ 24'\ 36''$.

(Paris, 20 juillet 1861.)

28.

On donne les hauteurs h et h' de deux cylindres ; on propose de déterminer les rayons de leurs bases, de manière que la somme de leurs surfaces latérales soit égale à celle d'une sphère de rayon a et que la somme de leurs volumes soit la plus petite possible.

(Paris, 5 novembre 1861.) *Sujet développé.*

29.

1° Démontrer que, si d'un point pris hors d'un cercle, on lui mène une tangente et une sécante, le carré de la tangente est égal au produit de la sécante entière par la partie extérieure.

2° Le cosinus d'un angle compris entre 90° et 180° étant égal à — 0,358, on demande de calculer à 0,001 près et sans faire usage des logarithmes, le cosinus de la moitié de cet angle. On vérifiera à l'aide des tables trigonométriques.

(Paris, 7 novembre 1861.)

30.

Par un point M situé à la surface d'une sphère, menez un plan qui coupe cette sphère suivant un cercle MNP; par le même point menez un autre plan qui coupe la sphère suivant un autre cercle MQR; menez la tangente MX au premier cercle et la tangente MY au second. Démontrer que le plan de ces deux tangentes est perpendiculaire au rayon OM de la sphère.

(Paris, 3 avril 1860.)

31.

1° Démontrer l'équation

$$\cos(a+b)\cos(a-b)=\cos^2 a-\sin^2 b.$$

2° Calculer à 0",1 près l'angle que doivent faire deux rayons d'un cercle, pour que la surface du triangle formé par les deux rayons et par la corde qui joint leurs deux extrémités soit la moitié de la surface du cercle.

(Paris, 21 avril 1860.)

32.

1° Démontrer que, dans la parabole, la tangente fait des angles égaux avec l'axe et avec le rayon vecteur mené du foyer au point de contact.

2° Calculer à 0″,1 près l'arc dont la tangente est $\sqrt{\frac{2}{3}}$.

(Paris, 27 avril 1860.)

33.

Par le centre d'un cercle O, on mène les deux droites AB, CD perpendiculaires entre elles, et d'un point M de la circonférence on abaisse sur les deux droites des perpendiculaires MP et MQ; on demande si la somme des deux lignes MP et MQ est susceptible d'un maximum ou d'un minimum. Si la réponse est affirmative, on déterminera la position du point M qui convient au maximum ou au minimum.

(Paris, 16 juillet 1860.) *Sujet développé.*

34.

Deux cercles O, O′ extérieurs l'un à l'autre étant donnés, on propose : 1° de trouver sur la ligne des centres O et O′ le point P tel que les tangentes PS et PS′, menées aux deux circonférences, soient égales; 2° de démontrer que la propriété du point P appartient aussi à chaque point Q de la ligne MN, menée par le point P perpendiculairement à la ligne des centres; en sorte que les tangentes QT et QT′, menées aux deux cercles, soient égales entre elles.

(Paris, 18 juillet 1860)

35.

1° Expliquer l'addition, la soustraction, la multiplication et la division des fractions ordinaires.

2° Un triangle équilatéral de $5^{m.},93$ de côté tourne autour d'une droite parallèle à la base menée par son sommet; on demande de calculer le volume du solide engendré par le triangle.

(Paris, 31 juillet 1860.)

36.

1° Démontrer que le logarithme d'un produit égale la somme des logarithmes des facteurs.

2° Les côtés d'un triangle sont $a = 120^{m.}$, $b = 135^{m.}$, $c = 113^{m.}$; calculer à $0^{m.},01$ près la hauteur correspondante au côté a pris pour base.

(Paris, 4 novembre 1860.)

37.

Les côtés d'un rectangle ABCD ont pour longueur $AB = 4^{m.}$, $BC = 3^{m.}$; calculer à un décimètre cube près le volume engendré par la révolution de la surface du rectangle autour d'un axe EF, passant par le sommet A et perpendiculaire à la diagonale AC.

(Paris, 12 novembre 1860.)

38.

Par le sommet A d'un carré ABCD, dont le côté est égal à $3^{m.},575$, on mène la droite AX, faisant avec le côté AB un angle BAX égal à 60° : calculer à $0^{m.},0001$

près de sa valeur le volume engendré par le carré tournant autour de la droite AX.

(Paris, 15 novembre 1860.)

39.

On donne un triangle ABC dont les côtés ont les valeurs suivantes :

$$BC = 6^{m.}, \quad AB = 5^{m.}, \quad AC = 2^{m.}.$$

On mène la bissectrice AI de l'angle A. On demande de calculer : 1° les surfaces des deux triangles ACI et ABI; 2° la longueur de la parallèle IM à AC terminée au côté AB en M.

(Paris, 18 avril 1859.)

40.

1° Prouver que la tangente à l'ellipse fait des angles égaux avec les rayons vecteurs qui aboutissent au point de contact.

2° La surface d'un triangle est de $342865^{d.q.}$. On connaît de plus les longueurs de deux côtés, savoir : $92^{m.},35$ et $103^{m.},57$. On demande de calculer l'angle compris entre ces côtés.

(Paris, 20 juillet 1859.)

41.

1° Résoudre $\dfrac{x-a}{2a} = \dfrac{2b}{2x+a}$.

2° Soit ABCD un rectangle. Dans le plan de ce rectangle, on trace une droite MN parallèle au côté AB et en dehors du rectangle, puis on suppose que le rectangle fasse une révolution autour de MN. Il faut démontrer que le volume engendré par le rectangle est égal à la surface de ce rectangle, multipliée par la circonférence décrite par le point d'intersection des deux diagonales.

(Paris, 2 août 1859.)

42.

1° Démontrer la formule

$$\sin(a+b)=\sin a \cos b+\sin b \cos a.$$

2° Un arc inconnu x est donné par la formule

$$\operatorname{tang} x=\operatorname{tang} a+\operatorname{tang} b;$$

il s'agit de la transformer en une autre plus commode pour le calcul logarithmique.

(Paris, 11 novembre 1859.)

43.

1° On demande si dans un triangle ABC, rectangle en C, les bissectrices des deux angles A et B se coupent sur la bissectrice de l'angle droit C.

2° On a dans un cercle une corde CD parallèle au diamètre AB; des extrémités de la corde, on abaisse des perpendiculaires CE, DF sur le diamètre; on demande de prouver que les segments AE et BF sont égaux.

(Paris, 18 novembre 1859.)

44.

L'arc de 75° peut se partager en deux arcs dont on peut trouver facilement les sinus et les cosinus au moyen de la géométrie. On propose de trouver ces quatre lignes, et de s'en servir ensuite pour calculer le sinus, le cosinus et la tangente de 75°.

(Paris, 9 avril 1858.) *Sujet développé.*

45.

Trouver un nombre positif x, et un angle y compris entre 0° et 360°, qui vérifie les deux équations

$$x \cos y = + 324,6219,$$
$$x \sin y = - 549,7827.$$

(Paris, 17 avril 1858.)

46.

Deux mobiles partent au même instant de deux points A et B, et marchent sur la droite AB dans un même sens, A poursuivant B. Le premier parcourt 1 mètre dans la première minute, 3 mètres dans la deuxième, 5 mètres dans la troisième, et ainsi de suite, de sorte que la vitesse croisse en progression arithmétique. Le second parcourt 3 mètres dans la première minute, 4 mètres dans la deuxième, 5 mètres dans la troisième, et ainsi de suite : on demande après combien de minutes le mobile A atteindra le mobile B, sachant que la distance AB est 75 mètres.

(Paris, 21 avril 1858.)

47.

Un côté d'un triangle a pour valeur 35$^{m.}$,42 ; les deux angles adjacents sont respectivement de 48° 52′ 13″ et de 75° 18′ 25″. Calculez le troisième angle, les deux côtés qui le comprennent et la surface du triangle.

(Paris, 28 avril 1858.) *Sujet développé.*

48.

Le côté d'un hexagone régulier étant égal à 1 mètre, on demande de calculer à 0,0001 près le volume engendré par l'hexagone régulier tournant autour d'un de ses côtés.

(Paris, 15 juillet 1858.) *Sujet développé.*

49.

Le volume d'un tronc de pyramide est de 25$^{m. cb.}$,237 ; la hauteur de ce tronc est de 4$^{m.}$,235, et la base inférieure de 10$^{m. carr.}$,278. On demande de calculer la base supérieure du tronc à $\frac{1}{10000}$ près de sa valeur.

(Paris, 23 juillet 1858.)

50.

Trouver les trois côtés d'un triangle rectangle, sachant que la somme de ces côtés est 132 et que la somme de leurs carrés est 6050.

(Paris, 31 juillet 1858.) *Sujet développé.*

51.

Calculer les trois côtés d'un triangle rectangle, connaissant la somme 2P de ces trois côtés et la surface

$2m^2$ du triangle. On indiquera la condition à laquelle les données doivent satisfaire pour que le problème soit possible.

(Paris, 4 août 1858.)

52.

Un prisme droit est donné, lequel a une hauteur de 38,489 mètres. Sur l'une des arêtes, à partir de la base, on prend une hauteur représentée par x; sur une autre arête, on prend une hauteur de 50 mètres de plus, et sur la troisième, une hauteur de 120 mètres de plus; par les extrémités de ces trois hauteurs, on mène un plan, lequel divise le volume du prisme en deux parties. Comment faut-il prendre la première hauteur pour que les deux parties soient équivalentes ?

(Paris, 10 août 1858.)

53.

Décrivez un cercle avec un rayon de 13 mètres; au-dessus du plan de ce cercle, élevez une perpendiculaire OP égale à 17 mètres; menez encore une tangente MN au cercle, et sur cette tangente, à partir du point de contact, prenez une longueur MN égale à 24 mètres. On propose de calculer à un centième près la distance PN.

(Paris, 12 août 1858.)

54.

On a deux octogones réguliers, dont les côtés sont respectivement $58^{m.},35$ et $37^{m.},28$; on demande de calculer à $0^{m.},01$ près le côté d'un troisième octogone régulier, dont la surface serait égale à la somme des surfaces des deux premiers.

(Paris, 16 août 1858.)

55.

Résoudre les équations

$$2x^2 + 3y^2 = 37; \quad 3xy = 5.$$

(Paris, 19 août 1858.)

56.

La différence des rayons de deux sphères est de 1m.,75 ; la différence de leur volume est de 47 mètres cubes : calculer chacun des deux rayons à 0,001 près.

(Paris, 24 août 1858.)

57.

Une personne emprunte 1000 fr. qu'elle s'engage à rembourser en quatre payements successifs faits à deux mois d'intervalle les uns des autres, à partir du sixième mois qui suivra l'emprunt. Les trois premiers payements seront de 300 fr. chacun et le quatrième sera de 100 fr. En supposant que le prêteur prélève d'avance l'intérêt de la somme prêtée, eu égard aux remboursements successifs, quelle somme remettra-t-il à son débiteur? Le taux de l'intérêt est supposé de 5 pour 100.

(Paris, 6 novembre 1858.)

58.

Les deux côtés de l'angle droit d'un triangle rectangle sont 5m.,7 et 8m.,2; du sommet de l'angle droit on abaisse une perpendiculaire sur l'hypoténuse. On demande la surface de l'un des deux triangles en lesquels le triangle total a été décomposé.

(Paris, 12 novembre 1858.)

59.

Calculer en myriamètres carrés la surface de l'une des deux zones glaciales, sachant que le petit cercle qui lui sert de base est à 23° 30′ du pôle. On suppose que la surface de la terre est exactement sphérique et que la circonférence d'un grand cercle est de 4000 myriamètres.

(Paris, 15 novembre 1858.)

60.

Calculer, à un décimètre carré près, la surface de la zone sphérique engendrée par un arc de 30°, dont le rayon est 3m.,261, et qui tourne autour d'un diamètre passant par une de ses extrémités.

(Paris, 18 novembre 1858.)

61.

Prouver que quand plusieurs cordes d'un cercle AB et A′B′ concourent en un même point P, leurs milieux C, C′ sont sur une circonférence de cercle.

(Paris, 3 avril 1857.) *Sujet développé.*

62.

Établir la proposition suivante : lorsque l'apothème d'un tronc de cône égale la somme des rayons des bases, la moyenne géométrique entre ces rayons donne toujours la moitié de la hauteur, et l'on obtient le volume en multipliant la surface totale par le sixième de cette hauteur.

(Paris, 5 avril 1857.)

63.

Un triangle équilatéral a pour côté 2 mètres. De chacun des sommets comme centre, et avec 1 mètre pour rayon, on décrit un cercle : on a ainsi 3 cercles égaux et tangents. Il s'agit : 1° de construire le cercle qui les enveloppe et celui qu'ils enveloppent tangentiellement; 2° d'évaluer les rayons de ces deux nouveaux cercles et de prendre leur moyenne géométrique; 3° de comparer ce rayon moyen avec le rayon du cercle inscrit au triangle.

(Paris, 13 juillet 1857.)

64.

Démontrer les formules qui donnent le sinus, le cosinus et la tangente de la moitié d'un angle, quand on connaît le cosinus de cet angle.

(Paris, 20 juillet 1857.)

65.

La surface latérale d'un tronc de cône est de 3454 décimètres carrés, et les rayons des bases sont, l'un de $1^{m},42$, l'autre de $0^{m},64$; on demande de calculer la hauteur.

(Paris, 24 juillet 1857.)

66.

Calculer en hectares la surface du segment compris entre un arc de 60° et sa corde dans un cercle dont le rayon est de 572 mètres.

(Paris, 29 juillet 1857.)

67.

Trouver l'aire d'une zone, connaissant le rayon R de la sphère, l'angle α que font entre eux les deux rayons qui comprennent l'arc de grand cercle MN générateur de la zone, et l'angle β que fait l'un de ces rayons avec l'axe.

(Strasbourg, 4 août 1857.) *Sujet développé.*

68.

Indiquer le caractère auquel on reconnaît si les racines de l'équation $ax^2 + bx + c = 0$ sont réelles ou imaginaires, et montrer que, dans le cas où elles sont réelles, on peut, à l'inspection de l'équation, prédire les signes de ces racines.

(Paris, 7 décembre 1857.)

69.

Une somme de 10000 francs est prêtée pour 10 ans, à intérêt simple de $4\frac{1}{2}$ 0/0. On demande : 1° quelle sera la dette de l'emprunteur au bout des dix ans ; 2° quelle annuité il devrait payer pour éteindre cette dette par des payements égaux effectués au bout de chacune de ces dix années, en supposant qu'on lui tînt compte de l'intérêt simple produit par chaque annuité pendant le temps qui reste à courir avant l'échéance.

(Toulouse, 14 décembre 1857.)

70.

Un capital placé à $4\frac{1}{2}$ 0/0 pendant un an et huit mois est devenu au bout de ce temps 4019 fr. 25 c. Quel est ce capital ?

(Paris, 3 avril 1856.)

71.

Un cylindre et un tronc de cône ont une base commune et même hauteur. On demande quel doit être le rapport des rayons des deux bases du tronc de cône, pour que le volume de ce tronc soit égal à la moitié du volume du cylindre. On calculera la valeur du rapport à $\frac{1}{1000}$ près.

(Paris, 5 avril 1856.)

72.

La longueur d'un degré pris sur un certain cercle est de $872^{m},21$. Quelle sera la longueur d'un arc de $37^{\circ}25'30''$?

(Paris, 8 avril 1856.)

73.

On propose d'inscrire quatre moyennes proportionnelles géométriques entre 32 et 243. Ces deux nombres sont les cinquièmes puissances de 2 et de 3.

(Paris, 12 avril 1854.)

74.

Dans un triangle rectiligne quelconque, on donne un côté a, l'angle opposé A, et la somme $2m = b + c$ des deux autres côtés. Résoudre ce triangle.

(Rennes, 16 avril 1856.)

75.

Une personne a souscrit 3 billets : l'un de 600 fr., payable dans 4 mois ; le deuxième de 1500 fr., payable dans 8 mois ; le troisième de 700 fr., payable dans 10 mois. Elle désire remplacer ces trois billets par un billet unique à l'échéance d'un an. Quel en sera le montant, le taux de l'intérêt étant $4 \frac{1}{2}$ 0/0 ?

(Paris, 25 avril 1856.)

76.

La circonférence étant partagée en 360°, le degré en 60′, et la minute en 60″, on demande quelle fraction de la circonférence est l'arc de 27° 17′ 32″.

(Paris, 16 juillet 1856.)

77.

Dans un triangle ABC, l'angle A = un demi-droit ; le côté AB = $5^{m.},4$; le côté AC = $7^{m.},52$; on prend AD = 3 mètres ; on mène DX parallèle à AC. Trouver l'aire du trapèze DACX.

(Paris, 18 juillet 1856.)

78.

Dans un cercle dont le rayon OA est égal à 1 mètre, on prend le milieu B d'un quadrant AH ; par le point B on mène BC parallèle à OA ; on joint BA et CA. On demande d'évaluer, à $\frac{1}{100}$ de mètre cube près, le volume engendré par le triangle ABC tournant autour de l'axe OA.

(Toulouse, 21 juillet 1856.)

79.

50 ouvriers travaillant 5 heures 1/2 par jour, pendant 18 jours, ont élevé un mur dont les dimensions sont les suivantes : hauteur, 3 mètres ; longueur, 215 mètres ; épaisseur, $0^{m.},50$. On demande combien il faudrait de jours à 33 ouvriers, travaillant 10 heures par jour, pour élever un mur qui ait 4 mètres de hauteur, 210 mètres de longueur et $0^{m.},15$ d'épaisseur.

(Paris, 23 juillet 1856.)

80.

Calculer, à 0,001 près, la diagonale d'un carré dont le périmètre est exprimé par un nombre moindre que 10, et ayant 2 décimales.

(La Flèche, 24 juillet 1856.)

81.

Le premier terme d'une progression arithmétique est $\frac{1}{2}$, et sa raison $\frac{1}{3}$. Combien de termes faut-il prendre pour que leur somme soit égale à 48 ?

(Toulouse, 26 juillet 1856.)

82.

Calculer, à 1 centimètre près, le côté du cube équivalent à un sphéroïde dont le rayon serait 10 mètres. On prendra, pour le rapport de π,

$$\pi = \frac{22}{7}.$$

(Paris, 5 août 1856.)

83.

Deux arcs A et B d'une même circonférence sont donnés, savoir :

$$A = 85^\circ 31' 22''$$
$$B = 30^\circ 17' 24'',7.$$

On veut calculer, à $\frac{1}{1000}$ près, le rapport de A à B.

(Paris, 6 décembre 1856.)

84.

Deux cercles sont donnés dont les rayons sont inégaux, et l'on sait que 11° 27′ 37″ du grand cercle valent 32° 21′ 22″ du petit. On demande combien il faudra de degrés du premier cercle pour faire 1782° 7′ du second.

(Paris, 19 avril 1855.)

85.

La surface d'un secteur circulaire est $3^{m\cdot},18$; son angle au centre 54° 18′. Quel est à 0,001 près l'arc de ce secteur? On fera usage de la méthode d'Oughtred pour la multiplication abrégée.

(Poitiers, 23 avril 1855.)

86.

On donne une couronne circulaire comprise entre deux circonférences concentriques : la surface de cette couronne est de 4 mètres carrés; son épaisseur, c'est-à-dire la différence des rayons des deux circonférences, est de 3m.,1415. On demande la grandeur de ces rayons.

(Paris, 25 avril 1855.)

87.

La hauteur d'un prisme droit est de 0m.,1. Chaque base est un rectangle dont l'un des deux côtés est le double de l'autre; les quatre faces latérales, jointes aux bases inférieure et supérieure, fournissent une aire totale de 28 centimètres carrés. On demande l'aire de chacune des faces latérales et de chacune des bases. On demande, en outre, le poids du mercure que renfermerait ce prisme s'il était creux, la température étant celle de la glace fondante. On prendra pour densité du mercure 13,598.

(Paris, 1er mai 1855.)

88.

On sait que sur un certain cercle la longueur d'un arc de 97° 21′ 47″,2 vaut 23 mètres. Quelle sera la longueur du mètre en degrés?

(Paris, 3 mai 1855.)

89

La plus grande pyramide d'Égypte a 146 mètres de hauteur; sa base est un carré dont le côté a 237 mètres. Le sommet du Panthéon est à 79 mètres au-dessus du pavé. On imagine un prisme droit dont la base carrée aurait pour côté la hauteur du Panthéon, et dont l'élévation serait celle de la pyramide et du prisme. On demande de comparer le volume de la pyramide et du prisme.

(Paris, 23 juillet 1855.)

90.

Capacité en hectolitres d'un bassin de forme carrée (12 mètres de côté) dont les murs sont en talus, le fond étant un carré de 10 mètres de côté et la profondeur de $2^{m.},10$.

(Paris, 25 juillet 1855.)

91.

On suppose que trois droites, partant d'un même point O, font entre elles les angles suivants :

$$xOy = 110^{\circ}.$$
$$xOz = 113^{\circ}.$$
$$yOz = 137^{\circ}.$$

On demande si les trois droites sont dans un même plan ou dans des plans différents. Si l'on affirme que les trois droites sont dans un même plan, il faudra le démontrer, ainsi que le contraire.

(Paris, 26 juillet 1855.)

92.

Calculer le poids d'un obélisque ayant la forme d'un tronc de pyramide à base carrée, dont les côtés sont $0^{m.},72$ et $2^{m.},4$, la hauteur 48 mètres, la densité de la matière 2,68.

(Paris, 28 juillet 1855.)

93.

On sait que le sinus d'un arc compris entre 90° et 180° a pour valeur 0,84357. On demande de calculer le cosinus, la tangente, la cotangente, la sécante, la cosécante de cet arc. On aura soin de faire connaître le signe dont chacune de ces quantités doit être affectée. On fera le calcul à $\frac{1}{1000}$ près.

(Paris, 30 juillet 1855.)

94.

Étant donné deux couples de fractions

$$\frac{4}{7}, \frac{9}{16} \text{ et } \frac{2}{3}, \frac{8}{11},$$

on demande quel est le plus grand des deux couples. Si l'on multiplie chaque fraction du premier couple par celle qui occupe le même rang dans le second, on demande quel sera le plus grand des deux produits obtenus.

(Paris, 31 juillet 1855.)

95.

Les côtés de deux hexagones réguliers sont 33 mètres et 56 mètres; on demande quel côté doit avoir un troisième hexagone régulier pour que sa surface soit la somme des surfaces des deux autres.

(Paris, 10 décembre 1855.)

96.

Relations entre les coefficients et les racines de l'équation $x^2 + px + q = 0$.

(Nancy, 12 décembre 1855.)

97.

On donne trois cubes : le premier a 3 mètres, le second 4 mètres et le troisième 5 mètres de côté. On demande quel sera le côté d'un quatrième cube dont le volume soit égal à la somme des volumes des trois cubes donnés.

(Paris, 15 décembre 1855.)

98.

On donne une sphère d'un rayon égal à 13 mètres, la surface d'une zone DEFG égale à 100 mètres carrés, et la distance CO = 1 mètre. On demande la surface du cercle dont BD est le rayon.

(Paris, 1er avril 1854.) *Sujet développé.*

99.

La hauteur d'un trapèze est de 10 mètres. La surface du trapèze est égale à celle du rectangle qui serait construit sur ses deux bases parallèles. De plus, le double de la plus petite base ajouté au triple de la plus grande égale quatre fois la hauteur du trapèze. On demande les valeurs des deux bases x et y.

(Paris, 5 avril 1854.) *Sujet développé.*

100.

Les rayons de deux bases d'un tronc de cône sont $3^{m.},5$ et $7^{m.},3$, et la hauteur du tronc 2 mètres. On demande la surface et le volume du cône entier.

(Paris, 7 avril 1854.) *Sujet développé.*

101.

Une personne place annuellement une somme V pendant N années; la banque paye à la personne une annuité A pendant les $2n$ années qui suivent les n premières. On demande quelle doit être cette annuité A, par rapport à la somme V, pour que le marché soit équitable, lorsqu'on a égard aux intérêts composés. On demande, en outre, quel doit être le nombre d'années n pour que l'annuité A soit au moins égale à la somme V. Le taux est fixé à 5 p. 100.

(Paris, 10 avril 1854.) *Sujet développé.*

102.

Un bassin a sa base horizontale : cette base est un hexagone régulier dont le côté égale 10 mètres; le bassin est un prisme droit régulier de $1^{m.},20$ de hauteur. Le bassin étant plein, combien de mètres cubes d'eau contient-il à une unité près ?

(Paris, 11 avril 1854.) *Sujet développé.*

103.

On se propose de carreler une salle ayant $5^{m.},10$ de largeur sur $6^{m.},935$ de longueur, avec des carreaux hexagones réguliers de $0^{m.},1$ de côté, en remplissant les vides, aux angles et sur les côtés rectangles du parquet rectangulaire, par des fragments de carreaux convenablement découpés. On demande quelle est, à une unité près, le nombre de carreaux nécessaire.

(Paris, 21 avril 1854.) *Sujet développé.*

104.

Le vide intérieur d'un vase conique tronqué a $0^{m},6$ de hauteur, l'ouverture $0^{m},4$ de diamètre, le fond $0^{m},3$; ce vase contient jusqu'au bord de la poudre destinée à remplir des obus dont le diamètre intérieur est $0^{m},1$. On demande combien d'obus pourront être remplis.

(Paris, 22 avril 1854.)

105.

Calculer le poids d'un bloc de granit ayant la forme d'un tronc de pyramide dont la base inférieure est $3^{m},55$, la base supérieure $0^{m},87$ et la hauteur $2^{m},78$. On sait que le mètre cube de granit pèse 2780 kilogrammes.

(Paris, 24 avril 1854.)

106.

Résolution générale des équations du premier degré à deux inconnues; discussion complète des formules.

(Paris, 25 avril 1854.)

107.

Résolution de l'équation $x^2 + px + q = 0$, et indication des différents cas qui peuvent se présenter suivant les valeurs et les signes des quantités p et q.

(Paris, 29 avril 1854.) *Sujet développé.*

108.

Le grand axe de l'orbite d'une planète est égal, en prenant pour unité celui de l'orbite terrestre, à 1,52369. Trouver en jours la durée de la révolution. On devra énoncer la loi de Képler qui permet de considérer la question précédente comme une règle de trois.

(Paris, 6 mai 1854.)

109.

Un chemin de fer traverse une terre horizontale sur un remblai ayant 6 mètres de hauteur, 8 mètres de largeur au sommet, et des talus gazonnés dont la pente descend de 3 sur 4, c'est-à-dire dont l'angle à l'horizon a pour tangente trigonométrique la fraction $\frac{3}{4}$. On demande combien ce remblai, sur chaque kilomètre de longueur, a exigé de mètres cubes de terre à porter et combien de mètres carrés de gazon.

(Paris, 10 mai 1854.)

110.

Démontrer les divers théorèmes de géométrie plane qui établissent qu'une certaine ligne est moyenne proportionnelle entre deux autres ; appliquer ces théorèmes à la solution du problème graphique qui consiste à trouver une moyenne proportionnelle entre deux lignes données.

(Paris, 12 mai 1854.)

111.

Comment peut-on trouver la surface et le volume d'une sphère lorsqu'on connait son rayon? Application à une sphère d'un rayon de 1 décimètre.

(Paris, 18 mai 1854.)

112.

On a marqué sur un plan topographique trois points A, B, C. Déterminer les positions d'un quatrième point D, situé dans le plan des trois premiers, et tel que de ce point les distances AB et BC aient été aperçues sous des angles donnés. On supposera que les trois points A, B, C forment un triangle équilatéral dont le côté est 500 mètres, et que les deux côtés AB et AC ont été aperçus du point D sous un angle de 120°. Calculer la distance AD.

(Paris, 24 mai 1854.)

113.

On donne un cône : le rayon de la base est 4 mètres, la hauteur 6 mètres. On fait à une distance de 2 mètres du sommet une section parallèle à la base. Trouver la surface latérale du tronc de cône ainsi obtenu.

(Paris, 15 juillet 1854.)

114.

Les bénéfices de l'exploitation d'une mine de houille se partagent également tous les ans entre vingt actions de deux frères auxquels cette mine appartient. L'aîné avait onze de ces actions, le cadet les neuf autres. Le premier a laissé seize enfants, le second treize. Deux parts d'héritage sont en vente, une dans chaque succession ; elles sont offertes au même prix. On demande quelle est celle des deux parts dont l'acquisition serait la plus avantageuse.

(Paris, 20 juillet 1854.)

115.

Le rayon de la surface des mers supposée sphérique est de 6,366,198 mètres. On demande à quelle distance peut s'étendre en pleine mer la vue de l'observateur élevé de 50 mètres au-dessus du niveau de l'eau.

(Paris, 24 juillet 1854.)

116.

Un terrain a la forme d'un trapèze isocèle, dont les bases sont égales à 100 mètres et à 40 mètres, et le côté à 50 mètres. On demande : 1° la surface de ce terrain en ares ; 2° la surface du terrain triangulaire qu'on obtiendrait en ajoutant au trapèze le triangle partiel formé par le concours des côtés non parallèles.

(Paris, 25 juillet 1854.) *Sujet développé.*

117.

Démontrer que le volume engendré par un triangle tournant autour d'un axe situé dans son plan et mené par l'un de ses sommets a pour mesure la surface décrite par le côté opposé à l'axe multipliée par le tiers de la hauteur correspondante à ce côté.

(Paris, 28 juillet 1854.)

118.

Calculer le volume engendré par un parallélogramme équilatéral de $3^{m.},79$ de côté tournant autour d'un axe qui se confond avec sa diagonale.

(Paris, 29 juillet 1854.)

119.

Résoudre les équations

$$x+y=\frac{21}{8};\quad \frac{x}{y}-\frac{y}{x}=\frac{25}{6}.$$

(Paris, 1er août 1854.)

120.

Sur un terrain plat on veut établir, pour un troupeau de moutons, un parc rectangulaire qui ait 6400 mètres carrés de superficie, et dont le périmètre soit de 400 mètres, longueur totale d'une clôture mobile dont on peut disposer. On demande quelle longueur doivent avoir les côtés du rectangle.

(Paris, 2 août 1854.)

121.

Exposer les théorèmes relatifs à la mesure du volume des polyèdres, en développant tout ce qui se rapporte au parallélipipède, et se bornant à indiquer ensuite l'ordre et l'enchaînement des propositions.

(Paris, 5 août 1854.)

122.

Le rayon intérieur d'une tour ronde est de 1m.,3. Son épaisseur est de 0m.,5, et le volume de la maçonnerie qui la compose est de 94m.,4677. On demande quelle est sa hauteur.

(Paris, 8 août 1854.)

123.

Calculer à $0^{m.},01$ près la hauteur d'un triangle dont la base AC = 647 mètres, et dont la surface doit être moyenne proportionnelle entre celles de deux rectangles ayant 2 mètres de hauteur, et pour bases l'une $853^{m.},45$ et l'autre $4727^{m.},5$.

(Paris, 9 août 1854.)

124.

Diviser la droite AB, qui a 18 mètres, en trois parties proportionnelles aux nombres 2, 7 et 9.

(Paris, 17 août 1854.)

125.

Exposer le système des poids et mesures adopté en France.

(Paris, 22 août 1854.)

126.

Une pyramide triangulaire dont la base a ses trois côtés de 13, 14 et 15 mètres respectivement, et dont la hauteur est de 16 mètres, étant coupée par un plan parallèle à la base distant du sommet de 2 mètres, on demande le volume du tronc de pyramide.

(Paris, 23 août 1854.)

127.

On demande de construire sur une base AB de 21 mètres un triangle CAB rectangle en A, tel que l'hypoténuse CB et le côté CA fassent ensemble une somme double du côté AB.

(Paris, 24 août 1854.) *Sujet développé.*

128.

On a tracé dans un plan donné la médiane qui joint les milieux des deux côtés opposés d'un quadrilatère, et l'on a mesuré la distance du milieu de cette médiane à un axe situé dans ce plan. On propose de démontrer que cette distance est la moyenne arithmétique entre les distances des quatre sommets du quadrilatère au même axe, et que le point de rencontre des deux médianes du quadrilatère est le milieu de chacune d'elles.

(Paris, 25 août 1854.)

129.

Le minerai d'une usine à plomb contient 23 pour 100 de ce métal; le plomb que l'on en retire contient lui-même 0,003 d'argent. Ces produits divers forment une valeur annuelle de 1795000 fr. Chercher combien il y a d'argent produit et combien de plomb. Chercher aussi quelle a été la quantité de minerai traité dans l'usine. On supposera que la perte en plomb produite par les diverses opérations soit 10 pour 100, la perte en argent regardée comme nulle. Le prix du plomb est de 55 fr. les 100 kilogrammes; celui de l'argent pur est de 222 fr. 22 c. le kilogramme.

(Paris, 26 août 1854.)

130.

Deux observateurs, chacun à bord d'un navire, à 3 mètres au-dessus de l'eau, cessent de s'apercevoir à une distance de 12600 mètres; conclure de ces observations une valeur approchée du rayon de la terre.

(Paris, 1er décembre 1854.)

131.

Etant donné un trinôme $ax^2 + bx + c$, déterminer : 1° les valeurs de x qui le rendent nul; 2° le signe du résultat de la substitution d'un nombre quelconque n à la place de x; 3° la valeur de x qui rend ce trinôme maximum et minimum. Appliquer cette théorie à

$$-2x^2 + 3{,}9 . x + 3{,}38.$$

(Grenoble, 1er décembre 1854.)

132.

Une pyramide est donnée dont la hauteur est 30m.,45, et la base un carré dont le côté est 5 mètres. Calculer le volume de la pyramide.

(Paris, 5 décembre 1854.)

133.

Étant donné un arc de 83° 20′, trouver la surface du triangle formé par la corde qui sous-tend cet arc, et les deux cordes qui joignent les extrémités de la première corde au milieu de l'arc.

(Paris, 9 décembre 1854.)

134.

Un vase a sa paroi intérieure totalement composée de faces planes; ces faces sont disposées de telle sorte qu'une boule sphérique ayant 0m.,3 de diamètre pourrait les toucher toutes à la fois, tandis que le couvercle, ou le plan horizontal du bord supérieur, serait aussi tangent à la même sphère; les aires de toutes les faces, y compris celle du couvercle, forment une surface totale de $0^{m},42$ carrés. On demande combien ce vase rempli jusqu'au bord contiendrait de litres d'eau.

(Paris, 13 décembre 1854.)

135.

Une personne place dans une maison de banque 160000 fr. au taux de 5 pour 100; au bout de quatre ans, elle vient demander le capital et les intérêts. Quelle somme doit-elle recevoir?

(Paris, 14 décembre 1854.)

136.

Le côté d'un cône est de $25^{m},7$; la surface de sa base est de 8 mètres. On demande de calculer la surface du cercle, dont le plan est distant de $3^{m},75$ du plan de la base.

(Paris, 27 décembre 1854.)

137.

On a un réservoir cylindrique de $2^{m},40$ de profondeur; il doit contenir 1200 litres d'eau. On demande son diamètre.

(Poitiers, 16 décembre 1854.)

138.

Exposer la méthode de la mesure des aires par la décomposition en trapèzes.

(Paris, 22 juillet 1853.) *Sujet développé.*

139.

On a un triangle isocèle ABC, tournant autour d'une droite fixe xy, parallèle à BC, et passant par le sommet A ; AB = 9m., BC = 6m.. On demande quel sera le volume engendré.

(Paris, 25 juillet 1853.) *Sujet développé.*

140.

Les profondeurs de trois puits artésiens sont respectivement : A = 220m., B = 395m., C = 543 ; la température des eaux étant pour A 19°,75, pour B 25°,33, pour C 30°,50, on demande si pour ces trois puits il est exact de dire que l'accroissement de la température soit proportionnel à l'accroissement de profondeur. Quelle serait la température de l'eau fournie par C, si la loi précédente était exacte?

(Paris, 27 juillet 1853.) *Sujet développé.*

141.

Trois personnes se sont associées et ont mis en commun, la première 4000 fr., la deuxième 7000 fr. et la troisième 9000 fr. Au bout d'un certain temps, ces trois sommes ont produit 5340 fr. Comment doit se répartir ce bénéfice?

(Paris, 8 août 1853.) *Sujet développé.*

142.

Un rouleau cylindrique de bois de chêne a 0m.,3 de diamètre et 2m.,5 de longueur; le poids spécifique du chêne est 1,17. On demande le volume et le poids du rouleau.

(Paris, 13 août 1853.) *Sujet développé.*

143.

Trouver un cylindre de la contenance d'un hectolitre dont la hauteur soit égale au diamètre de la base.

(Paris, 20 août 1853.) *Sujet développé.*

144.

Exposer les principes de la construction des tables trigonométriques et faire connaître la disposition et l'usage de ces tables.

(Paris, 26 août 1853.) *Sujet développé.*

145.

Trouver l'angle d'un polygone de 17 côtés; y a-t-il dans un pareil polygone deux côtés parallèles? Trouver le plus petit angle que forment deux côtés prolongés.

(Paris, 10 décembre 1853.)

146.

Le diamètre d'une sphère est égal à 4 mètres; une corde parallèle à ce diamètre est égale à 2 mètres. On demande la surface engendrée par cette corde tournant autour du diamètre.

(Paris, 13 décembre 1853.) *Sujet développé.*

147.

Étant donné un arc de cercle de 60°, calculer la corde, la surface du segment et la surface du secteur, le rayon étant de $2^{m.},35$.

(Paris, 15 décembre 1853.) *Sujet développé.*

148.

Discuter la marche à suivre pour déterminer le rapport de la circonférence au diamètre.

(Paris, 17 décembre 1853.) *Sujet développé.*

149.

Trouver sin $(a+b)$ et cos $(a+b)$; sin $(a-b$ et cos $(a-b)$. On discutera les formules obtenues.

(Paris, 20 décembre 1853.)

150.

On a deux points A et B distants de 225 kilomètres. Les 100 kilogrammes de charbon coûtent en A 3 fr. 75 c., en B 4 fr. 75 c. On demande quel est le point de la ligne AB où le charbon coûte le même prix, qu'il vienne d'A ou qu'il vienne de B (les 100 kilogrammes coûtant 0 fr. 80 c. par 100 kilomètres).

(Paris, 26 décembre 1853.) *Sujet développé.*

SUJETS DÉVELOPPÉS.

5.

1° Quel est le rectangle maximum qu'on puisse inscrire dans un carré donné ?

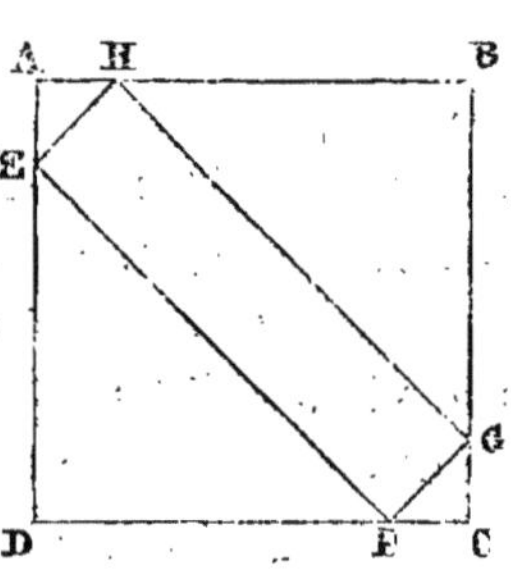

Supposons le problème résolu et soit EFGH un rectangle inscrit dans le carré donné ABCD. Les deux triangles rectangles BHG, EDF ont les hypoténuses égales et les angles aigus en H et en F égaux, comme ayant les côtés parallèles et dirigés en sens contraires. Mais l'angle EFD égale l'angle BGH ; donc le triangle BHG est isocèle et l'on a

$$BH = BG = ED = DF.$$

Ce qui donne le moyen d'inscrire un rectangle dans un carré.

On en conclut

$$AH = AE = GC = FC.$$

Soit

$$AB = a, \quad BH = x,$$

l'on aura

$$HG = x\sqrt{2}, \quad EH = (a - x)\sqrt{2};$$

donc la surface du rectangle sera $2(a - x)x$ et son maximum correspondra au maximum du produit $(a - x)x$, maximum qui aura lieu quand l'on aura $a-x=x$, puisque $a-x+x$ est *constant*. L'on a alors

$$x=\frac{a}{2} \quad \text{ou} \quad \mathrm{AH}=\mathrm{HB}.$$

Le *rectangle maximum* a donc ses sommets au milieu des côtés du carré donné. Il devient alors le *carré minimum inscrit.*

2° Calculer l'angle x donné par l'équation $2 \sin x=\sin(45-x)$.

Développant $\sin(45°-x)$ et remarquant que

$$\sin 45°=\cos 45°=\frac{\sqrt{2}}{2},$$

il vient successivement

$$2 \sin x=\frac{\sqrt{2}}{2}(\cos x-\sin x),$$

$$\sin x\left(2+\frac{\sqrt{2}}{2}\right)=\frac{\sqrt{2}}{2} \cos x,$$

$$\operatorname{tang} x=\frac{\sqrt{2}}{4+\sqrt{2}}=\frac{1,4142135}{5,4142135};$$

$$\begin{aligned} \log 1,4142135 &= 0,1505149 \\ \mathrm{C^t}\log 5,4142135 &= 9,2664646 \\ &\quad -10 \\ \hline \log \operatorname{tang} x &= \bar{1},4169795 \\ x &= 14° \, 38' \, 11'',03. \end{aligned}$$

10.

Une sphère est introduite dans un cône renversé dont l'angle au sommet ASB $= 2\alpha$ est donné. Calculer le rapport du volume compris entre la surface inférieure de la sphère et le sommet du cône, au volume de la sphère entière. Après avoir établi la valeur générale du rapport on y fera $\alpha = 60°$ et on donnera les deux premières décimales du résultat.

Appelons x le volume cherché. Ce volume est évidemment égal au volume du cône CDS, diminué du volume du segment sphérique à une base CFD. D'où

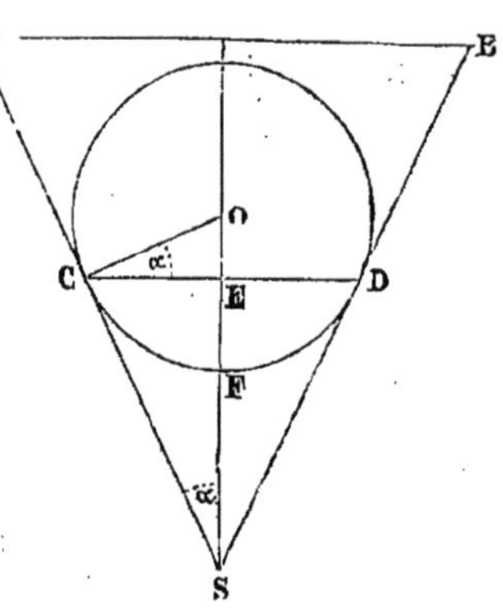

$$x = \frac{1}{3}\pi CE^2 \cdot SE - \frac{1}{6}\pi EF^3$$

$$-\frac{1}{2}\pi CE^2 \cdot EF. \quad (1)$$

Mais la figure donne

$$CE = OC \cos OCE = R \cos \alpha,$$

$$SE = CE \cot \alpha = \frac{R \cos^2 \alpha}{\sin \alpha}$$

$$EF = OF - OE = R\,(1 - \sin \alpha).$$

Substituant ces valeurs dans (1) et mettant $\frac{1}{6}\pi R^3$ en évidence :

$$x = \frac{1}{6}\pi R^3 \left[\frac{2 \cos^4 \alpha}{\sin \alpha} - (1 - \sin \alpha)^3 - 3 \cos^2 \alpha\,(1 - \sin \alpha)\right];$$

remarquant que

$$\cos^2 \alpha = 1 - \sin^2 \alpha = (1 + \sin \alpha)\,(1 - \sin \alpha),$$

et que

$$\cos^4 \alpha = (1 + \sin)^2 \alpha\, (1 - \sin)^2 \alpha,$$

nous aurons

$$x = \frac{1}{6}\pi R^3 \qquad (1 - \sin \alpha)^2$$

$$\left[\frac{2\,(1 + \sin \alpha)^2}{\sin \alpha} - (1 - \sin \alpha) - 3\,(1 + \sin \alpha)\right],$$

en mettant également en évidence, le facteur commun $(1 - \sin \alpha)^2$.

Si l'on effectue les calculs entre les crochets, ce qui se réduit à développer $(1 + \sin \alpha)^2$ et à chasser le dénominateur $\sin \alpha$, il vient

$$\frac{2 + 4 \sin \alpha + 2 \sin^2 \alpha - \sin \alpha + \sin^2 \alpha - 3 \sin \alpha - 3 \sin^2 \alpha}{\sin \alpha} = \frac{2}{\sin \alpha};$$

d'où

$$x = \frac{\pi R^3\,(1 - \sin \alpha)^2}{3 \sin \alpha}.$$

D'ailleurs le volume de la sphère

$$V = \frac{4}{3}\pi R^3.$$

Ainsi

$$\frac{x}{V} = \frac{(1 - \sin \alpha)^2}{4 \sin \alpha} = K = \frac{(1 - \sin 60^\circ)^2}{4 \sin 60^\circ}.$$

Mais

$$1 - \sin 60^\circ = \sin 90^\circ - \sin 60^\circ = 2 \sin 15^\circ . \cos 75^\circ,$$

d'après la formule

$$\sin p - \sin q = 2 \sin \frac{p - q}{2} \cos \frac{p + q}{2};$$

donc

$$(1 - \sin 60)^2 = 4 \sin^4 15^\circ;$$

car

$$\sin 15^\circ = \cos 75^\circ.$$

Il en résulte que

$$K = \frac{\sin^4 15^\circ}{\sin 60^\circ}.$$

Calcul de K.

$$\begin{aligned} 4 \log \sin 15^\circ &= \bar{3},6519848 \\ c^t \log 60^\circ &= 10,0624694 \\ &\quad -10 \\ \hline \log K &= \bar{3},7144542 \\ K &= 0,0052 \end{aligned}$$

19.

Un observateur est placé à une hauteur de 120m. au-dessus du niveau de la mer; l'angle formé par le rayon visuel aboutissant à l'horizon sensible avec la verticale est de 89° 39'. Déduire de ces résultats une valeur approchée du rayon de la terre supposée sphérique.

Désignons AB par h, l'angle observé OBC par α et OC par R, rayon cherché. Le triangle OBC étant rectangle, on a

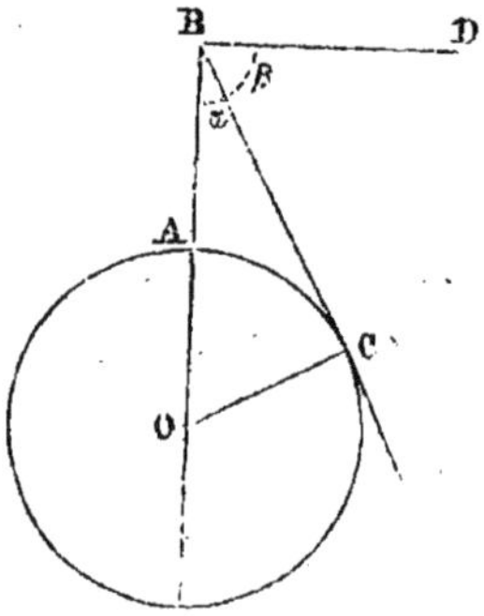

$$OC = OB \cos BOC,$$

ou

$$\begin{aligned} R &= (R + h) \cos DBC \\ &= (R + h) \cos \beta ; \end{aligned}$$

d'où

$$R - R \cos \beta = h \cos \beta \quad \text{et} \quad R = \frac{h \cos \beta}{1 - \cos \beta}. \qquad (1)$$

Remarquons que la formule

$$\sin \frac{1}{2} \beta = \sqrt{\frac{1 - \cos \beta}{2}}$$

donne

$$\cos\beta = 1 - 2\sin^2\frac{1}{2}\beta \quad \text{et} \quad 1 - \cos\beta = 2\sin^2\frac{1}{2}\beta\,;$$

nous aurons donc pour déterminer R,

$$R = \frac{h\left(1 - 2\sin^2\frac{1}{2}\beta\right)}{2\sin^2\frac{1}{2}\beta} = \frac{h}{2\sin^2\frac{1}{2}\beta} - h = K - h.$$

Calcul de K.

$$\begin{aligned} \log.120 &= 2{,}0791812 \\ C^t\log 2 &= 9{,}6989700 \\ C^t\log 2\sin\frac{1}{2}\beta &= 15{,}0301706 \\ \hline \log K &= 6{,}8083218 \end{aligned} \qquad \begin{aligned} \beta &= 90 - (89^\circ + 39') \\ \beta &= 21' \\ \frac{1}{2}\beta &= 10'\ 30''. \end{aligned}$$

$K = 6431640^m$, et comme $R = K - 120$

$$R = 6431520^m = 1600 \text{ lieues}$$

en nombre rond.

Remarque. La marche que nous avons suivie est celle employée par les élèves à bord du *Borda*. La dépression apparente ou l'angle β était pour eux de 15′ 30″ et la hauteur AB de 75^m.

20.

Les côtés de l'angle droit d'un triangle rectangle ont pour longueur de 3m.,128 et 4m.,275. Calculer, à un millimètre près, les deux segments déterminés sur l'hypoténuse par la bissectrice de l'angle droit.

Soient x et y ces deux segments. Une propriété connue donne

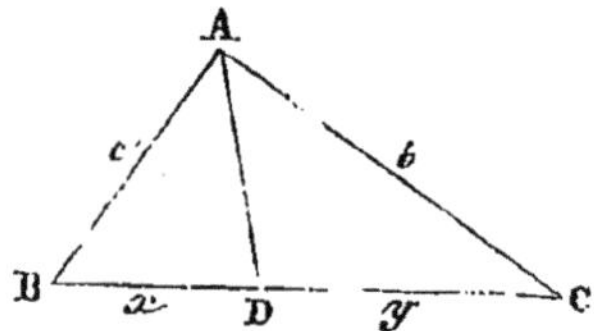

$$\frac{x}{y}=\frac{c}{b};$$

d'où

$$\frac{x+y}{x}=\frac{c+b}{c},$$

et

$$\frac{x+y}{y}=\frac{c+b}{b}.$$

On en déduit

$$x=\frac{c\,(x+y)}{b+c}=\frac{c\sqrt{b^2+c^2}}{b+c},$$

$$y=\frac{b\,(x+y)}{b+c}=\frac{b\sqrt{b^2+c^2}}{b+c};$$

car

$$x+y=a=\sqrt{b^2+c^2}.$$

Rendons logarithmique la valeur de x et celle de y. Faisons sortir pour cela b de dessous le radical ; nous aurons

$$x=\frac{bc\sqrt{1+\frac{c^2}{b^2}}}{b+c},$$

$$y=\frac{b^2\sqrt{1+\frac{c^2}{b^2}}}{b+c}.$$

Soit

$$\frac{c}{b} = \text{tang}\, \varphi,$$

d'où

$$x = \frac{bc \,.\, \text{séc}\, \varphi}{b + c} = \frac{bc}{(b + c) \cos \varphi}, \qquad (1)$$

$$y = \frac{b^2 \,\text{séc}\, \varphi}{b + c} = \frac{b^2}{(b + c) \cos \varphi}. \qquad (2)$$

Calcul de l'angle φ.

$$\log \text{tang}\, \varphi = \log c + \text{C}^{\text{t}} \log b - 10;$$

$$\begin{array}{rr} c = 3{,}128 \;;\; \log c = & 0{,}4952667 \\ b = 4{,}275 \;;\; \text{C}^{\text{t}} \log b = & 9{,}3690639 \\ & -\ 10 \\ \hline \log \text{tang}\, \varphi = & \bar{1}{,}8643306 \\ \varphi = & 36°\ 11'\ 34'' \end{array}$$

Calcul de x *ou* BD.

$$\begin{array}{rr} \log b = & 0{,}6309361 \\ \log c = & 0{,}4952667 \\ \text{C}^{\text{t}} \log (b + c) = & 9{,}1305923 \\ \text{C}^{\text{t}} \log \cos \varphi = & 10{,}0931078 \\ & -20 \\ \hline \log x = & 0{,}3499029 \\ x = & 2{,}238 \end{array}$$

Calcul de y *ou* CD.

$$\begin{array}{rr} 2 \log b = & 1{,}2618722 \\ \text{C}^{\text{t}} \log (b + c) = & 9{,}1305923 \\ \text{C}^{\text{t}} \log \cos \varphi = & 10{,}0931078 \\ & -20 \\ \hline \log y = & 0{,}4855723 \\ y = & 3{,}059 \end{array}$$

23.

Sur la ligne AB = 1m., on prend un point O entre A et B ; on construit le triangle équilatéral AOE sur la partie AO, et le carré OBCD sur la partie OB. Cela posé, la surface du pentagone ABCDE dépend de la position du point O sur AB, et l'on demande : 1° de déterminer la position du point O qui convient au maximum ou au minimum du pentagone ABCDE ; 2° de calculer les surfaces maximum ou minimum à 0,001 près.

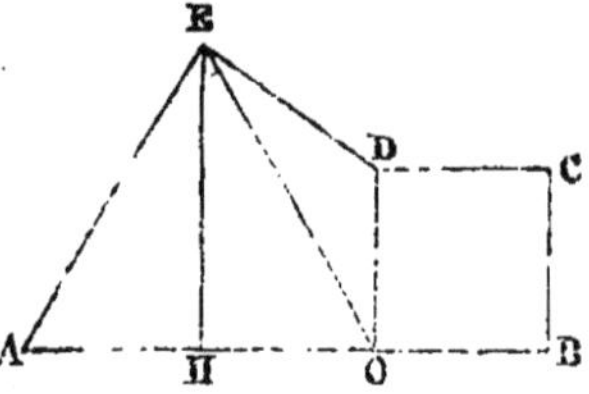

1° Désignons AB par a, AO par x; abaissons du point E la perpendiculaire EH sur AB, et calculons la surface AEDCB ou S.

Le triangle ADH, moitié du triangle équilatéral AEO, a pour expression de sa surface

$$\text{AO} \times \frac{\text{EH}}{2} = x \times \frac{x\sqrt{3}}{8} = \frac{x^2\sqrt{3}}{8},$$

le trapèze EHDO est égal à

$$\left(\frac{\text{EH}+\text{DO}}{2}\right).\text{OH} = \frac{\frac{x\sqrt{3}}{2}+a-x}{2} \times \frac{x}{2} = \frac{x^2\sqrt{3}+2ax-2x^2}{8}.$$

Le carré CDBO est représenté par

$$\text{OB}^2 = (a-x)^2 = \frac{8a^2-16ax+8x^2}{8};$$

d'où

$$\text{S} = \frac{x^2\left(3+\sqrt{3}\right)-7ax+4a^2}{8},$$

et par suite

$$x^2(3+\sqrt{3})-7ax+4(a^2-\text{S}) = 0. \qquad (1)$$

Les racines de (1) devant être réelles, on doit avoir

$$49a^2 - 16\left(3+\sqrt{3}\right)(a^2 - S) > 0,$$

ou

$$16\left(3+\sqrt{3}\right) S > a^2\left(16\sqrt{3}-1\right).$$

S est donc *susceptible d'un minimum* donné par

$$S = \frac{a^2\left(16\sqrt{3}-1\right)}{16\left(3+\sqrt{3}\right)}. \qquad (2)$$

Dans le cas du minimum, les racines de (1) étant égales, on a pour la valeur de x correspondante :

$$x = \frac{7a}{2\left(3+\sqrt{3}\right)}. \qquad (3)$$

Remarquons que pour $x=0$, on a $S=a^2$, et que pour $x=a$ l'on a $S=\frac{a^2\sqrt{3}}{4}$. Donc la surface diminue quand le point C va d'une manière continue de A en B. Elle diminue de $x=0$ à $x=\frac{7a}{2\left(3+\sqrt{3}\right)}$; et elle augmente de cette dernière valeur à $x=a$.

La position du point O qui convient au minimum est donnée par l'égalité (3) ; en y faisant $a = 1^{\text{m.}}$, on trouve $x = 0^{\text{m.}},75$.

La surface minimum est donnée par l'égalité (2) ; on trouve, en y faisant $a = 1^{\text{m.}}$,

$$S = 0^{\text{m.ca.}},55^{\text{d.ca.}},28^{\text{c.ca.}}.$$

25.

Combien on doit prendre de termes d'une progression arithmétique : 5 . 9 . 13...., pour que leur somme soit égale à 10877.

La somme des termes d'une progression arithmétique est donnée par la formule :

$$S=\frac{(a+l)n}{2};$$

mais $l=a+(n-1)r$, a désignant le premier terme, l le dernier, r la raison et n le nombre des termes. Remplaçant l par sa valeur dans S, il vient

$$S=\frac{an+[a+(n-1)r]n}{2};$$

d'où successivement

$$2S=2an+n^2r-nr,$$

$$n^2r+(2a-r)n-2S=0,$$

$$n=\frac{r-2a+\sqrt{(r-2a)^2+8rS}}{2r}. \qquad (1)$$

Car le radical est plus grand que $r-2a$ et l'on ne doit admettre pour n que la valeur positive.

Substituant dans (1) à r, S et a leurs valeurs 4, 10877 et 5, il vient

$$n=\frac{-6+\sqrt{36+87016\times 4}}{8}=\frac{-3+\sqrt{870025}}{4},$$

$$n=\frac{-3+295}{4}=\frac{292}{4}=73.$$

28.

On donne les hauteurs h et h' de deux cylindres; on propose de déterminer les rayons de leurs bases de manière que la somme de leurs surfaces latérales soit égale à celle d'une sphère de rayon a, et que la somme de leurs volumes soit la plus petite possible.

Soient x, y les rayons cherchés; on aura, en désignant par πm^3 le minimum de la somme des volumes des deux cylindres,

$$2\pi xh + 2\pi yh' = 4\pi a^2 \quad \text{ou} \quad xh + yh' = 2a^2, \qquad (1)$$

$$\pi x^2h + \pi y^2h' = \pi m^3 \quad \text{ou} \quad x^2h + y^2h' = m^3. \qquad (2)$$

Je tire la valeur de y de (1), je la substitue dans (2); il vient successivement en développant le carré et en ordonnant,

$$x^2h + \frac{(2a^2 - xh)^2}{h'^2} = m^3,$$

$$hh'^2x^2 + 4a^4 - 4a^2xh + x^2h^2 - h'^2m^3 = 0,$$

$$h\,(h + h'^2)\,x^2 - 4a^2hx + 4a^4 - h'^2m^3 = 0. \qquad (3)$$

Les racines de cette équation devant être réelles, on doit avoir, d'après la fonction caractéristique $B^2 - 4AC > 0$,

$$16a^4h^2 - 4h\,(h + h'^2)\,(4a^4 - h'^2m^3) > 0;$$

d'où en divisant par 4, et en effectuant les réductions,

$$-4a^4hh' + hh'\,(h + h')\,m^3 > 0, \quad m^3 > \frac{4a^4}{h + h'};$$

le minimum de πm^3 sera donc

$$\frac{4\pi a^4}{h + h'}.$$

Dans le cas du minimum, les racines de (3) étant égales, on a

$$x = \frac{2a^2}{h + h'}.$$

Quant à la valeur de y, elle se déduit de celle de x, en remarquant que les équations (1) et (2) ne changent pas en changeant dans ces équations x en y et h en h'; on aura donc

$$y = \frac{2a^2}{h + h'}.$$

Ainsi, dans le cas où la somme des volumes doit être minimum, les rayons des cylindres sont égaux entre eux.

35.

Par le centre d'un cercle O, on mène les deux droites AB, CD perpendiculaires entre elles, et d'un point M de la circonférence on abaisse sur les deux droites des perpendiculaires MP et MQ; on demande si la somme des deux lignes MP et MQ est susceptible d'un maximum ou d'un minimum. Si la réponse est affirmative, on déterminera la position du point M qui convient au maximum ou au minimum.

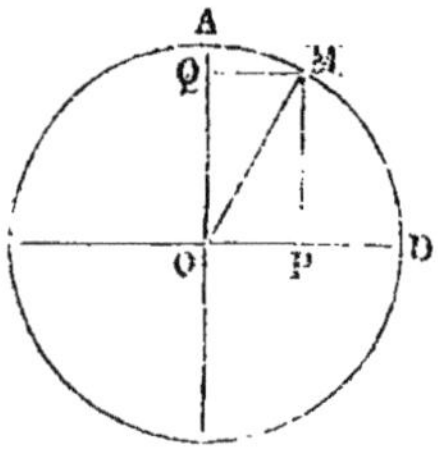

Appelons x l'arc DM, nous aurons à chercher le maximum de $\sin x + \cos x$ ou de $\sin x + \sin (90° - x)$; mais d'après la formule connue

$$\sin p + \sin q = 2 \sin \frac{p+q}{2} \cdot \cos \frac{q-p}{2},$$

on a

$$\sin x + \sin (90° - x) = 2 \sin 45° \cos (45° - x).$$

Le maximum de cette dernière expression correspond au maximum de $\cos (45° - x)$, c'est-à-dire à l'arc $45° - x = 0$. Le point M doit être situé au milieu de l'arc AD.

Remarques. 1° Il est évident que la question est susceptible d'un maximum, car lorsque le point M est en D, MP + MQ ou MP + OP est égale à OD. Puis, à mesure que le point M s'avance vers le point A, cette quantité croît, puis décroît pour redevenir égale à R; ce qui a lieu quand le point M est en A. MP + MQ passent donc nécessairement par un maximum.

2° Appelons x et y les perpendiculaires MP et MQ; nous aurons, en désignant par m le maximum cherché,

$$x + y = m. \tag{1}$$

Mais la figure donne

$$x^2 + y^2 = R^2; \tag{2}$$

d'où en élevant (1) au carré et retranchant (2) du résultat

$$xy = \frac{m^2 - R^2}{2}. \tag{3}$$

Les équations (1) et (3) montrent que x et y sont les racines de

$$Z^2 - mZ + \frac{m^2 - R^2}{2} = 0;$$

d'où

$$Z = \frac{m}{2} \pm \sqrt{\frac{m^2}{4} - \frac{m^2 - R^2}{2}},$$

$$Z = \frac{m \pm \sqrt{2R^2 - m^2}}{2}.$$

Pour que les valeurs de Z soient réelles, il faut que l'on ait

$$2R^2 > m^2,$$

donc

$$m = R\sqrt{2}$$

est le maximum cherché. Dans ce cas les racines de l'équation en Z sont égales. On a

$$x = y = \frac{m}{2} = \frac{R\sqrt{2}}{2};$$

c'est-à-dire que le point M doit être au milieu de AD.

44.

L'arc de 75° peut se partager en deux arcs dont on peut trouver facilement les sinus et les cosinus au moyen de la géométrie. On propose de trouver ces quatre lignes, et de s'en servir ensuite pour calculer le sinus, le cosinus et la tangente de 75°.

On a

$$75° = 45° + 30°;$$

$$\sin 45°, \text{ moitié du côté du carré inscrit, } = \frac{\sqrt{2}}{2} = \cos 45°;$$

$$\sin 30°, \text{ moitié du côté de l'hexagone inscrit, } = \frac{1}{2};$$

$$\cos 30° = \sqrt{1 - \frac{1}{4}} = \frac{\sqrt{3}}{2}.$$

Mais

$$\sin 75 = \sin(45 + 30) = \sin 45 . \cos 30 + \sin 30 . \cos 45$$

$$= \frac{\sqrt{2}}{2} . \frac{\sqrt{3}}{2} + \frac{1}{2} . \frac{\sqrt{2}}{2} = \frac{\sqrt{6} + \sqrt{2}}{4};$$

$$\cos 75° = \cos(45 + 30) = \cos 45 . \cos 30 - \sin 45 . \sin 30$$

$$= \frac{\sqrt{2}}{2} . \frac{\sqrt{3}}{2} - \frac{\sqrt{2}}{2} . \frac{1}{2} = \frac{\sqrt{6} - \sqrt{2}}{4};$$

$$\text{tang } 75 = \frac{\sin 75}{\cos 75} = \frac{\sqrt{6} + \sqrt{2}}{\sqrt{6} - \sqrt{2}} = \frac{(\sqrt{6} + \sqrt{2})2}{6 - 2}$$

$$= \frac{8 + 2\sqrt{12}}{4} = 2 + \sqrt{3}.$$

47.

Un côté d'un triangle a pour valeur 35m.,42 ; les deux angles adjacents sont respectivement de 48° 52′ 13″ et de 75° 18′ 25″. Calculez le troisième angle, les deux côtés qui le comprennent et la surface du triangle.

Soient AB, A, B, le côté et les deux angles donnés ; nous avons

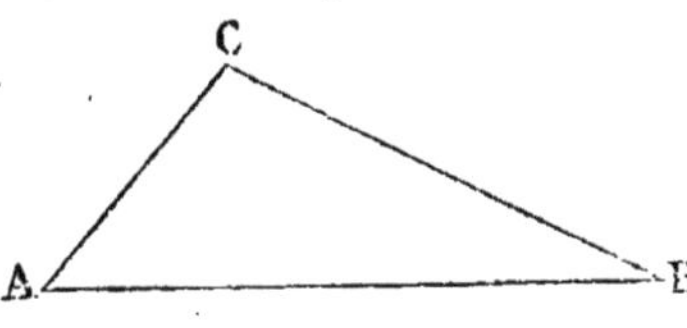

1° $C = 180° - (A + B)$
$= 55° 49′ 22″.$

Calcul de a.

2° $$a = \frac{c \sin A}{\sin C},$$

d'où

$$\log a = \log c + \log \sin A - \log \sin C,$$

$$\log c = 1,5492486$$

$$\log \sin A = \bar{1},9855605$$

$$1,5348091$$

$$\log \sin C = \bar{1},9176651$$

$$\log a = 1,6171440$$

$$a = 41^{m.},4137.$$

Calcul de b.

3° $$b = \frac{c \sin B}{\sin C},$$

d'où

$$\log b = \log c + \log \sin B - \log \sin C,$$

$$\log c = 1,5492486$$

$$\log \sin B = \bar{1},8769231$$

$$1,4261717$$

$$\log \sin C = \bar{1},9176651$$

$$\log b = 1,5085066$$

$$b = 32,2483$$

Calcul de la surface S.

4° $$S = \frac{c^2 \sin B . \sin A}{2 \sin C};$$

d'où

$$\log S = 2 \log a + \log \sin B + \log \sin A - \log \sin C - \log 2,$$

$$2 \log a = 3,0962972$$

$$\log \sin B = \bar{1},8769231$$

$$\log \sin A = \bar{1},9855605$$

$$2,9607808$$

$$\log 2 = 0,3010300$$

$$\log \sin C = \bar{1},9176651$$

$$0,2186951$$

$$\log S = 2,7420857$$

$$S = 552^{m\ ca.},18^{d.ca.}\ 64^{c.ca.}.$$

48.

Le côté d'un hexagone régulier étant égal à un mètre, on demande de calculer à 0,0001 près le volume engendré par l'hexagone régulier tournant autour d'un de ses côtés.

Soient ABCDEF l'hexagone donné, FE le côté autour duquel se fait la rotation; abaissons des sommets des perpendi-

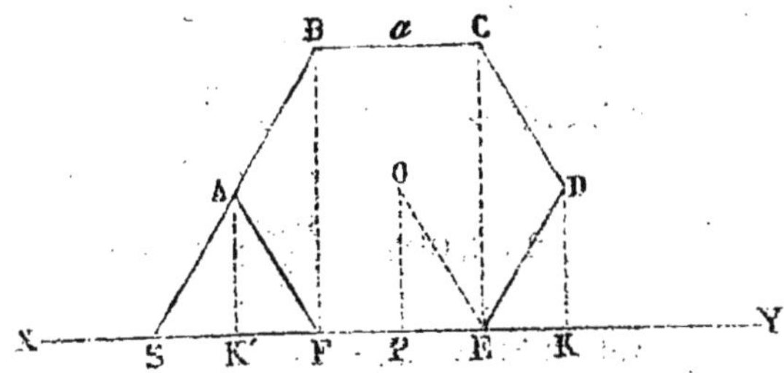

culaires sur XY, axe de rotation, nous aurons évidemment

$$\text{vol. cherché} = \text{vol. BCEF} + 2\,\text{vol. CDE};$$

or

$$\text{vol. CDE} = \text{vol. CDEK} - \text{vol. DEK}.$$

$$1^\circ\ \text{vol. CBEF} = \pi \overline{CE}^2 . EF;$$

mais CE est le côté du triangle équilatéral inscrit; et en désignant par a le côté de l'hexagone donné, par R le rayon du cercle circonscrit, on a

$$a = R, \quad CE = a\sqrt{3}, \quad DK = \frac{a\sqrt{3}}{2};$$

la comparaison des triangles OPE, DEK donne

$$EK = EP = \frac{a}{2}.$$

D'ailleurs

$$AD = 2R = 2a,$$

et

$$\text{vol. CDKE} = \frac{\pi}{3}\text{EK}(\text{CE}^2 + \text{DK}^2 + \text{CE} \times \text{DK});$$

remplaçant, il vient

$$\text{vol. CDKE} = \frac{\pi}{3} \cdot \frac{a}{2}\left(3a^2 + \frac{3a^2}{4} + \frac{3a^2}{2}\right) = \frac{7\pi a^3}{8}.$$

D'un autre côté,

$$\text{vol. DEK} = \frac{\pi}{3}\text{DK}^2 \times \text{EK} = \frac{\pi a^2}{4} \cdot \frac{a}{2} = \frac{\pi a^3}{8};$$

d'où

$$\text{vol. CDE} = \frac{\pi a^3}{8}(7 - 1) = \frac{3\pi a^3}{4},$$

et

$$2 \text{ vol. CDE} = \frac{3\pi a^3}{2};$$

or

$$\text{vol. BCEF} = \pi\text{CF}^2 . \text{EF} = 3\pi a^3,$$

donc

$$\text{vol. ABCDEF} = 3\pi a^3 + \frac{3\pi a^3}{2} = \frac{9\pi a^3}{2}.$$

Vérification.

On a démontré que le volume engendré par un polygone quelconque, tournant autour d'une droite extérieure et menée dans son plan, est égal à la surface du polygone multipliée par la circonférence décrite autour de l'axe par le centre des moyennes distances du polygone.

Cette distance étant ici égale au rayon OP, on a

$$\text{vol. cherché} = \text{surf. de l'hexagone} \times \text{OP}$$

$$= \frac{3a^2\sqrt{3}}{2} \times 2\pi\,\frac{a\sqrt{3}}{2} = \frac{9\pi a^3}{2}.$$

On aurait pu arriver encore à la même expression en prolongeant AB jusqu'à l'axe au point S, et en calculant le vol. BSF, d'où l'on retrancherait le vol. ASF.

Application.

Faisant $a = 1^{m.}$ dans l'expression trouvée, il vient

$$V = \frac{9\pi}{2} = \frac{9 \cdot 22}{2 \cdot 7} = 14{,}1429.$$

50.

Trouver les trois côtés d'un triangle rectangle, sachant que la somme de ces côtés est 132 et que la somme de leurs carrés est 6050.

Soient x l'hypoténuse, y, z les deux côtés de l'angle droit, nous aurons en exprimant algébriquement l'énoncé et que le triangle est rectangle,

$$x^2 = y^2 + z^2. \quad (1)$$
$$x + y + z = 132. \quad (2)$$
$$x^2 + y^2 + z^2 = 6050. \quad (3)$$

Ajoutant (1) et (3) on trouve

$$2x^2 = 6050,$$

d'où

$$x = \sqrt{3025} = 55.$$

On a donc, en substituant dans (2) et (3) 55 à x :

$$y + z = 77, \quad (4)$$
$$y^2 + z^2 = 3025. \quad (5)$$

Mais

$$(y+z)^2 = y^2 + z^2 + 2xy = 77^2 = 5929\ ;$$

d'où, par la soustraction,

$$2zy = 5929 - 3025,$$

et

$$zy = 1452.$$

Connaissant la somme 77 et le produit 1452 de deux nombres z, y, on sait que ces deux nombres sont les racines d'une équation de la forme

$$X^2 - 77X + 1452 = 0;$$

d'où

$$X = \frac{77}{2} \pm \sqrt{\frac{77^2}{4} - \frac{1452}{4}},$$

et par suite

$$y = 44, \qquad z = 33.$$

55.

Résoudre les équations :

$$2x^2 - 3y^2 = 37; \ (1) \qquad 3xy = 5. \ (2)$$

De (2) on tire

$$x^2 = \frac{25}{9y^2}.$$

Substituant dans (1), il vient

$$\frac{50}{9y^2} - 3y^2 = 37;$$

d'où,

$$27y^4 + 333y^2 - 50 = 0,$$

et

$$y^2 = \frac{-333 \pm \sqrt{110889 + 5400}}{54} = \frac{-333 + 341}{54} = \frac{4}{27}, \ (\alpha)$$

et

$$y = \pm \frac{2}{\sqrt{27}} = \pm \frac{2}{5,19} = \pm 0,38,$$

en prenant la première valeur de y^2.

Substituant dans (2), on a

$$x = \pm \frac{\frac{5}{6}}{5,19} = \pm \frac{25,95}{6} = \pm 4,35.$$

On négligera la deuxième valeur de y tirée de (α) comme étant imaginaire.

61.

Prouver que quand plusieurs cordes d'un cercle AB et A'B' concourent en un même point P, leurs milieux C, C' sont sur une circonférence de cercle.

Menons le diamètre ED et joignons le centre O aux points C, C'. Les angles en C et C' sont droits ; si donc sur OP comme diamètre nous décrivons une circonférence, elle passera en C, C', ainsi qu'en P et en O.

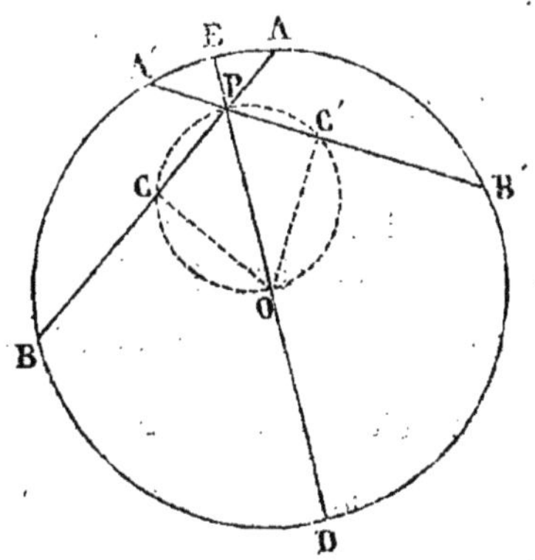

On peut donc dire que le lieu géométrique du milieu de toutes les cordes qui concourent en un même point P est la circonférence décrite sur PO, comme diamètre.

67.

Trouver l'aire d'une zone, connaissant le rayon R de la sphère, l'angle α que font entre eux les deux rayons qui comprennent l'arc de grand cercle MN générateur de la zone, et l'angle β que fait l'un de ces rayons avec l'axe.

Nous avons

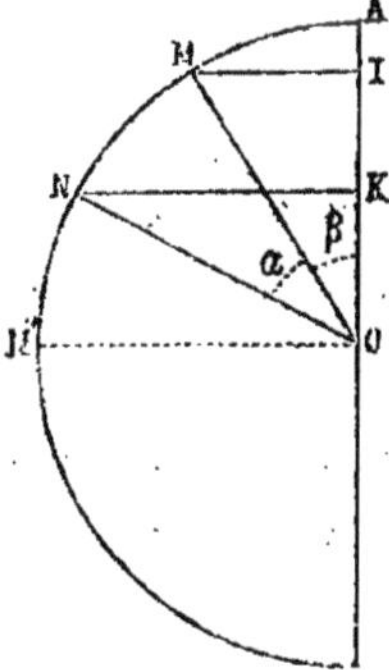

$$\text{surf. MN} = 2\pi R \cdot IK ;$$

or

$$IK = IO - KO$$
$$= R\cos\beta - R\cos(\alpha + \beta) ;$$

d'où

$$\text{surf. MN}$$
$$= 2\pi R^2 [\cos\beta - \cos(\alpha + \beta)].$$

Discussion.

1° Soit

$$\beta = 0, \quad \alpha < 90°;$$

alors

$$\text{surf. MN} = 2\pi R^2 (1 - \cos \alpha) = 4\pi R^2 \sin^2 \tfrac{1}{2} \alpha,$$

expression connue pour la surface de la calotte sphérique AN.

2° $\beta = 0, \quad \alpha = 90°.$

On trouve

$$\text{surf. MN} = 2\pi R^2;$$

ce qui doit être, puisque la zone devient alors zone AN′ ou la moitié de la surface sphérique.

3° $\beta = 0, \quad \alpha > 90°, \quad$ ou $\quad \alpha = 90° + \alpha'.$

La formule trouvée donne

$$\text{surf. MN} = 2\pi R^2 [1 - \cos (90° + \alpha')];$$

et puisque

$$\cos 90° + \alpha' = - \cos (90° - \alpha'),$$

$$\text{surf. MN} = 2\pi R^2 [1 + \cos (90° - \alpha')].$$

Mais

$$1 + \cos (90° - \alpha') = 2 \cos^2 \left(\frac{90° - \alpha'}{2}\right),$$

puisque

$$\cos \frac{\alpha}{2} = \sqrt{\frac{1 + \cos \alpha}{2}},$$

l'on a donc

$$\text{surf. MN} = 4\pi R^2 . \cos^2 \left(\frac{90° - \alpha'}{2}\right),$$

formule calculable par logarithmes.

Si dans cette dernière formule on fait

$$\alpha' = 90°,$$

alors

$$\alpha = 180$$

$$90^\circ - \alpha' = 0,$$

et l'on a

$$S = 4\pi R^2.$$

4° $\beta = 0, \quad \alpha = 180^\circ;$

$$\text{surf. MN} = 2\pi R^2 (1 - \cos 180^\circ) = 4\pi R^2.$$

Remarque. On aurait pu discuter la formule en posant

$$\cos \beta - \cos (\alpha + \beta) = 2 \sin \left(\frac{\alpha + 2\beta}{2}\right) . \sin \frac{\alpha}{2},$$

tirée de

$$\cos p - \cos q = 2 \sin \left(\frac{p + q}{2}\right) \sin \left(\frac{q - p}{2}\right).$$

On aurait alors

$$\text{surf. MN} = 4\pi R^2 . \sin \left(\frac{\alpha + 2\beta}{2}\right) . \sin \frac{\alpha}{2}.$$

1° Si $\beta = 0, \quad \alpha < 90^\circ,$

on trouve

$$\text{surf. MN} = 4\pi R^2 . \sin^2 \frac{\alpha}{2}.$$

2° Si $\beta = 0 \quad \alpha = 90^\circ,$

$$\text{surf. MN} = 2\pi R^2 . 2 \sin^2 45 = 4\pi R^2 \left(\frac{\sqrt{2}}{2}\right)^2 = 2\pi R^2.$$

3° $\beta = 0, \quad \alpha = 90^\circ + \alpha';$

$$\text{surf. MN} = 2\pi R^2 . 2 \sin^2 \left(\frac{90^\circ + \alpha'}{2}\right).$$

Or

$$\sin \left(\frac{90^\circ + \alpha'}{2}\right) = \cos \left(90^\circ - \frac{\alpha'}{2}\right),$$

d'où

$$\text{surf. MN} = 4\pi R^2 . \cos^2\left(90^\circ - \frac{\alpha'}{2}\right),$$

formule déjà trouvée.

4° $\beta = 0, \quad \alpha = 180;$

$$\text{surf. MN} = 2\pi R^2 . 2 \sin^2 90^\circ = 4\pi R^2.$$

98.

On donne une sphère d'un rayon égale à 13 mètres, la surface d'une zone DEFG égale à 100 mètres carrés, et la distance CO = 1 mètre. On demande la surface du cercle dont BD est le rayon.

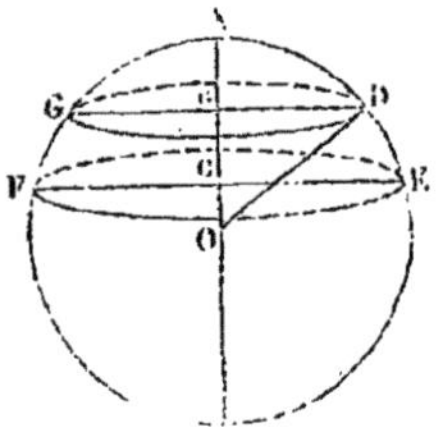

On a, d'après l'énoncé,

$$2\pi R . BC = 100,$$

d'où

$$BC = \frac{50}{3{,}1416 \times 13} = \frac{50}{40{,}8408} = 1^{m},22;$$

mais

$$BO = BC + CO = 1^{m},22 + 1^{m} = 2^{m},22.$$

Le triangle rectangle BDO donne

$$BD^2 = DO^2 - OB^2,$$

d'où

$$BD^2 = 169 - 4{,}9284 = 164{,}07,$$

et, par suite,

$$\text{cercle BD ou } \pi BD^2 = 3{,}14 \times 164{,}07 = 515^{\text{m. ca.}},17^{\text{déc. ca.}},98^{\text{c. ca}}.$$

99.

La hauteur d'un trapèze est de 10 mètres. La surface du trapèze est égale à celle du rectangle qui serait construit sur ses deux bases parallèles. De plus, le double de la plus petite base ajouté au triple de la plus grande égale quatre fois la hauteur du trapèze. On demande les valeurs des deux bases x et y.

On aura, en traduisant algébriquement l'énoncé du problème et en représentant la plus petite base par x,

$$\left(\frac{x+y}{2}\right)10 = xy \text{ ou } 5x + 5y = xy, \qquad (1)$$

$$2x + 3y = 40; \qquad (2)$$

l'équation (2) donne

$$x = \frac{40 - 3y}{2}.$$

Remplaçant x par cette valeur dans (1), il vient

$$\frac{5(40-3y)}{2} + 5y = \left(\frac{40-3y}{2}\right)y,$$

d'où

$$200 - 5y = 40y - 3y^2.$$

Ordonnant et tirant la valeur de y, l'on obtient

$$3y^2 - 45y + 200 = 0, \qquad y = \frac{15}{2} \pm \sqrt{\frac{225}{4} - \frac{200}{3}};$$

or, puisque l'on a la condition

$$\frac{p^2}{4} - q < 0,$$

les racines sont imaginaires et le problème est impossible.

100.

Les rayons de deux bases d'un tronc de cône sont $3^{m.},5$ et $7^{m.},3$, et la hauteur du tronc 2 mètres. On demande la surface et le volume du cône entier.

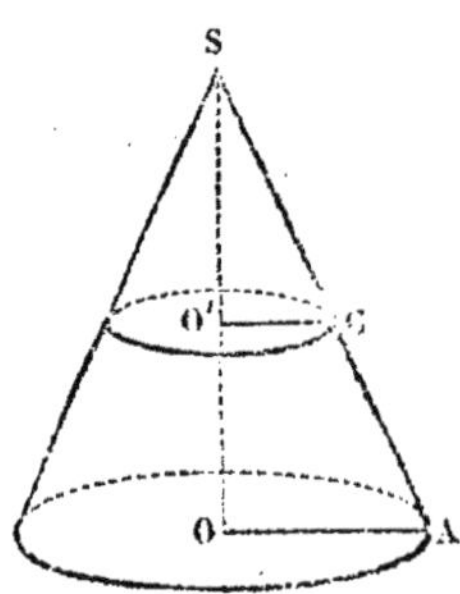

La surface totale du cône se compose de la surface latérale et de la surface de la base.

La surface latérale égale π . OA . SA . SA nous est donné par le triangle SOA. Mais

$$\frac{SO}{SO'} = \frac{OA}{O'C}.$$

Calculons donc SO. De

$$\frac{SO}{SO'} = \frac{OA}{O'C}$$

on déduit

$$\frac{SO - SO'}{SO} = \frac{OA - O'C}{OA},$$

ou

$$\frac{2}{SO} = \frac{3,8}{7,3};$$

d'où

$$SO = \frac{2 \times 7,3}{3,8} = \frac{7,3}{1,9} = 3^{m},8.$$

Le triangle rectangle SOA, où tout est connu excepté SA, donne

$$SA = \sqrt{OA^2 + SO^2} = \sqrt{53,29 + 14,44};$$

d'où

$$SA = \sqrt{67,73} = 8,2.$$

La surface latérale est donc

$$\pi \times 7,3 \times 3,2 = 3,14 \times 7,3 \times 8,2 ;$$

d'où

$$\text{surface latérale} = 187^{\text{m. carr.}},96^{\text{déc. carr.}},04^{\text{cent. carr.}},$$

et, par suite,

$$\text{la surface totale} = 187,9604 + \pi OA^2 = 355^{\text{m. carr.}},2910.$$

Le volume du cône est exprimé par la formule

$$V = \frac{1}{3}\pi R^2 H,$$

d'où

$$V = \frac{3,141 \,.\, (7,3)^2 \,.\, 3,8}{3} = 1,047 \times 53,29 \times 3,8,$$

$$V = 212^{\text{m. cub.}},019^{\text{déc. cub.}},594^{\text{cent. cub.}}.$$

101.

Une personne place annuellement une somme V pendant N années ; la banque paye à la personne une annuité A pendant les $2n$ années qui suivent les n premières. On demande quelle doit être cette annuité A, par rapport à la somme V, pour que le marché soit équitable, lorsqu'on a égard aux intérêts composés. On demande, en outre, quel doit être le nombre d'années n pour que l'annuité A soit au moins égale à la somme V. Le taux est fixé à 5 p. 100.

Supposons que le premier versement n'ait lieu qu'au bout d'un an, ce premier versement vaudra au bout des n premières années, $V(1,05)^{n-1}$, d'après la formule des intérêts composés. Le second vaudra $V(1,05)^{n-2}$; le troisième vaudra de même $V(1,05)^{n-3}$; ainsi de suite jusqu'à l'avant-dernier et au dernier, dont les valeurs seront représentées respectivement par $V(1,05)$ et par V; la somme de tous ces versements sera donc

$$V(1,05)^{n-1} + V(1,05)^{n-2} \ldots . + V(1,05) + V.$$

Mettant V en facteur commun, et renversant cette somme, il vient

$$V\,[1 + 1{,}05 + (1{,}05)^2 + (1{,}05)^3 \ldots\ldots + (1{,}05)^{n-1}].$$

Nous avons donc entre les crochets la somme des termes d'une progression géométrique croissante dont le premier est 1, dont la raison est 1.05, et dont le dernier terme est $(1{,}05)^{n-1}$.

La somme des versements successifs sera donc donnée par

$$V\left[\frac{(1{,}05)^n - 1}{0{,}05}\right],$$

expression tirée de la formule connue

$$S = \frac{lq - a}{q - 1}.$$

Mais comme, d'après l'énoncé, l'annuité A n'est payée qu'au bout des $2n$ années qui suivent les n premières, il s'ensuit que ces versements resteront encore placés à intérêts composés. au taux de 5 p. 100, pendant $2n$ années; leur valeur définitive sera donc

$$V\left[\frac{(1{,}05)^n - 1}{0{,}05}\right](1{,}05)^{2n}. \qquad (1)$$

Cherchons maintenant la valeur des annuités au bout de $2n$ années. Cette valeur sera représentée par

$$\begin{aligned} &A\,(1{,}05)^{2n-1} + A\,(1{,}05)^{2n-2} \ldots\ldots + A\,(1{,}05) + A \\ &= A\,[1 + (1{,}05) + (1{,}05)^2 \ldots\ldots + (1{,}05)^{2n-2}\,(1{,}05)^{2n-1}] \\ &= A\left[\frac{(1{,}05)^{2n} - 1}{0{,}05}\right]. \qquad (2) \end{aligned}$$

Le marché devant être équitable, il faut que (1) et (2) soient égaux ; d'où l'équation

$$V\left[\frac{(1{,}05)^n - 1}{0{,}05}\right](1{,}05)^{2n} = A\left[\frac{(1{,}05)^{2n} - 1}{0{,}05}\right].$$

Dans la seconde partie de l'énoncé, l'annuité devant être égale au versement, on aura $V = A$; d'où en divisant par

$$\frac{V}{0,05} = \frac{A}{0,05};$$

$$[(1,05)^n - 1]\,(1,05)^{2n} = (1,05)^{2n} - 1,$$

équation dans laquelle tout est connu excepté n.

Posons

$$(1,05)^n = K,$$

d'où

$$(1,05)^{2n} = K^2;$$

il viendra

$$(K - 1)\,K^2 = K^2 - 1 = (K - 1)\,(K + 1),$$

et par suite

$$K^2 = K + 1,$$

d'où

$$K^2 - K - 1 = 0.$$

Résolvant et ne prenant que la valeur positive, il vient

$$K = \frac{1}{2} + \sqrt{\frac{1}{4} + 1} = \frac{1}{2}\,(1 + \sqrt{5}) = \alpha.$$

De l'équation de condition

$$(1,05)^n = K,$$

on tire

$$(1,05)^n = \alpha,$$

d'où

$$n = \frac{\log \alpha}{\log (1,05)}.$$

102.

Un bassin a sa base horizontale ; cette base est un hexagone régulier dont le côté égale 10 mètres ; ce bassin est un prisme droit régulier de 1m.,20 de hauteur. Le bassin étant plein, combien de mètres cubes d'eau contient-il à une unité près ?

Le volume d'un prisme est donné par la formule

$$V = B . H.$$

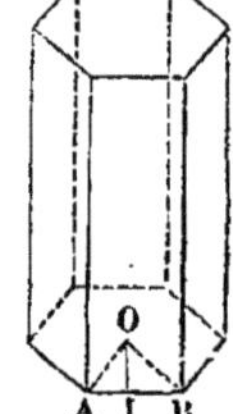

Or la surface supérieure d'un liquide en équilibre étant horizontale, et ce liquide affectant la forme du vase qui le renferme, BH sera le volume de l'eau cherché.

La base B étant ici un hexagone régulier, nous avons

$$B = 6AOB = 6 \times 10 \times \frac{OI}{2} = 30 \times OI;$$

mais le triangle rectangle AOI donne

$$OI = \sqrt{AO^2 - AI^2} = \sqrt{AB^2 - \frac{AB^2}{4}} = \frac{AB}{2}\sqrt{3} = 5\sqrt{3};$$

d'où

$$B = 30 \times 5\sqrt{3} = 150\sqrt{3},$$

et par suite,

$$V = 150\sqrt{3} . 1,20 = \sqrt{3 \times 150^2 \times (1,20)^2} = \sqrt{97200};$$

d'où

$$V = 311^{\text{mèt. cub.}}, \text{ à une unité près.}$$

103.

On se propose de carreler une salle ayant 5m.,10 de largeur sur 6m.,935 de longueur, avec des carreaux hexagones réguliers de 0m.,1 de côté, en remplissant les vides, aux angles et sur les côtés rectangles du parquet rectangulaire, par des fragments de carreaux convenablement découpés. On demande quelle est, à une unité près, le nombre de carreaux nécessaire.

La salle à carreler étant rectangulaire, sa surface sera

$$5{,}10 \times 6{,}935 = 353685^{\text{c. ca.}}.$$

Mais la surface de l'hexagone, en représentant par a son côté, est donnée par la formule

$$S = \frac{3a^2\sqrt{3}}{2} = \frac{3 \, . \, 10^2 \sqrt{3}}{2},$$

en réduisant le côté a en centimètres.

Effectuant les calculs, on trouve successivement

$$S = \frac{300\sqrt{3}}{2} = 150\sqrt{3} = \sqrt{3 \, . \, 22500} = 259^{\text{c. ca.}}.$$

Le nombre d'hexagones demandé sera donc donné par le quotient

$$\frac{353685}{259},$$

qui indique combien de fois la surface de l'un d'eux est contenue dans la surface du parquet.

Effectuant la division, on trouve 1365.

107.

Résolution de l'équation $x^2 + px + q = 0$, et indication des différents cas qui peuvent se présenter suivant les valeurs et les signes des quantités p et q.

On insistera sur les hypothèses qui donnent des résultats remarquables. Ainsi toutes les fois que q sera négatif dans le premier membre, les valeurs de x seront réelles, etc. Elles seront de même signe quand q sera positif. Toutes deux seront positives ou négatives, selon que p sera négatif ou positif. Elles seront de signe contraire quand q sera négatif; la plus grande en valeur absolue sera de signe contraire au signe de p.

On fera encore d'autres hypothèses et on démontrera que : 1° les racines sont réelles quand on a

$$\frac{p^2}{4} - q > 0;$$

2° égales quand on a

$$\frac{p^2}{4} - q = 0;$$

3° imaginaires quand on a

$$\frac{p^2}{4} - q < 0;$$

et que, selon chacun de ces cas, le premier membre de l'équation se réduit à la différence de deux carrés, à un carré, ou à la somme de deux carrés, etc.

116.

Un terrain a la forme d'un trapèze isocèle, dont les bases sont égales à 100 mètres et à 40 mètres, et le côté à 50 mètres. On demande : 1° la surface de ce terrain en ares ; 2° la surface du terrain triangulaire qu'on obtiendrait en ajoutant au trapèze le triangle partiel formé par le concours des côtés non parallèles.

D'après l'énoncé,

$$DC = 100^{m.}, AB = 40^{m}, AD = BC = 50^{m.};$$

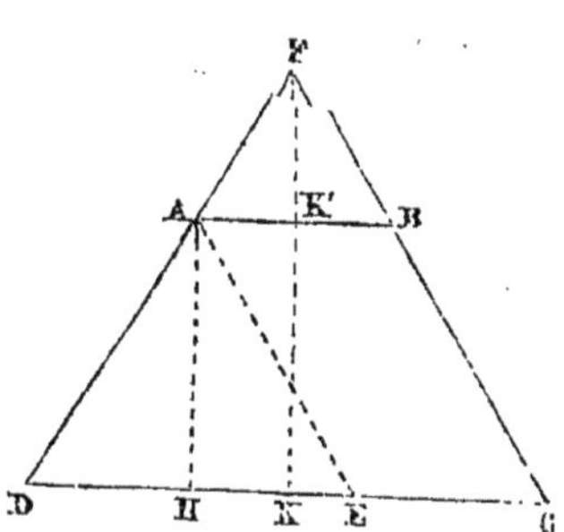

désignant par S, S' les surfaces du trapèze et du triangle DFG, par AH, FK leurs hauteurs, nous avons

$$S = \frac{AB + CD}{2} . AH$$

$$= 70 . AH = 70 . 40$$

$$= 2800^{m. ca.} = 28 \text{ ares.}$$

Car menons AE parallèle à FC, nous aurons

$$EC = AB,$$

d'où

$$DE = DC - AB = 60^{m.};$$

et comme le triangle ADE est isocèle, la perpendiculaire AH tombe au milieu de la base ; donc

$$DH = 30^{m}.$$

Le triangle ADH donne

$$AH = \sqrt{AD^2 - DH^2} = \sqrt{1600} = 40.$$

Mais

$$AFB = AB . \frac{FK'}{2}.$$

D'ailleurs les triangles AFB, DFC donnent

$$\frac{DC}{AB} = \frac{FK}{FK'};$$

d'où

$$\frac{DC - AB}{AB} = \frac{AH}{FK'},$$

$$FK' = \frac{AH \cdot AB}{DC - AB} = \frac{40 \cdot 40}{60} = \frac{80}{3},$$

et par suite

$$AFB = 40 \cdot \frac{80}{6} = \frac{1600}{3} = 533,333\ldots;$$

$$S' = 2800 + 533,333 = 3333^{\text{m. carr.}},333 = 33^{\text{ares}},3333\ldots$$

127.

On demande de construire sur une base AB de 21 mètres un triangle CAB rectangle en A, tel que l'hypoténuse CB et le côté CA fassent ensemble une somme double du côté AB.

Supposons le problème résolu et soit ABC le triangle demandé. Si nous prolongeons AC de la quantité CK = CB et si nous joignons KB, le triangle KCB sera isocèle ; si donc nous élevons au point P, milieu de la base KB, une perpendiculaire, cette perpendiculaire passera par le point C.

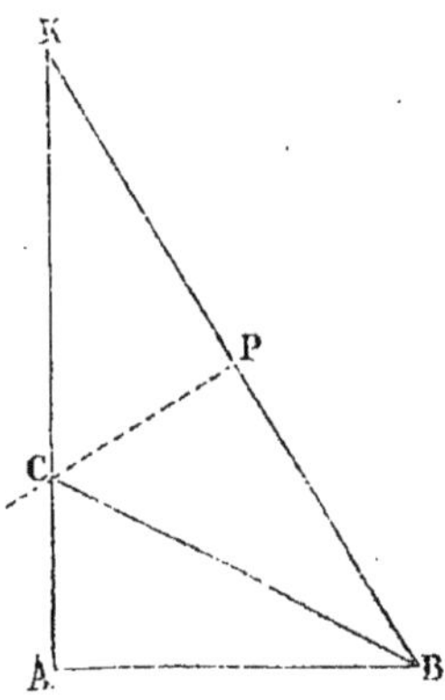

Or le triangle AKB, dans lequel on connaît les deux côtés AB, AK égaux à $42^{\text{m.}}$ et à $21^{\text{m.}}$, ainsi que l'angle droit A qu'ils comprennent, est facile à construire ; par suite, il suffira d'élever une perpendiculaire sur le milieu de KB pour trouver le troisième sommet C du triangle demandé.

138.

Exposer la méthode de la mesure des aires par la décomposition en trapèzes.

Si l'intérieur du polygone qui circonscrit la surface à évaluer est accessible, on mène par les deux sommets les plus éloignés une *directrice* sur laquelle on abaisse des perpendiculaires de tous les sommets opposés, et on évalue à la chaîne les triangles rectangles et les trapèzes rectangulaires résultant.

Si l'intérieur est inaccessible, on lui circonscrit un rectangle dont on évalue la surface, ainsi que celle des trapèzes rectangulaires qu'il forme avec les côtés du polygone donné. La différence entre ces deux surfaces donne la surface cherchée. Dans les deux cas, faire une figure et prendre un exemple numérique.

Si une portion de terrain était terminée par une ligne courbe, on se servirait de la méthode de Robert Simpson, ou de la formule

$$S = \delta \left(S - \frac{y_0 + y_n}{2} \right),$$

δ désignant la distance comprise entre deux ordonnées consécutives, S la somme de toutes les ordonnées, et y_0, y_n les ordonnées extrêmes.

139.

On a un triangle isocèle ABC, tournant autour d'une droite fixe xy, parallèle à BC, et passant par le sommet A; AB $= 9^m$, BC $= 6^m$. On demande quel sera le volume engendré.

Le volume engendré est un cylindre dont BC est la hauteur et dont BK $=$ AI est le rayon de la base, diminué de deux cônes ayant tous deux BK $=$ AI pour rayons des bases et $\frac{BC}{2}$ pour hauteur.

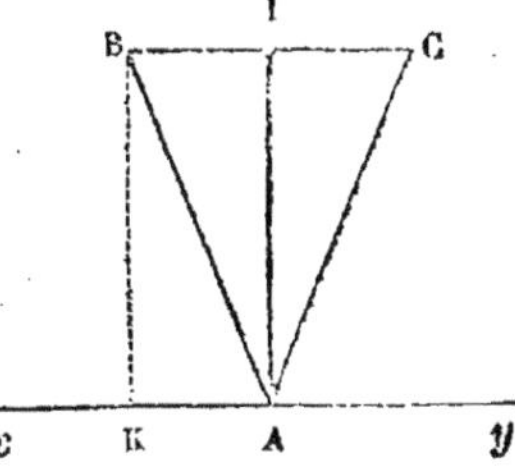

Désignant le volume cherché par V, on a

$$V = \pi AI^2 \times BC - 2\left(\pi AI^2 \times \frac{1}{6} BC\right);$$

d'où

$$V = \pi AI^2\left(BC - \frac{1}{3} BC\right) = \pi\left(AB^2 - BI^2\right)\frac{2BC}{3}$$

$$= \pi \,.\, 72 \,.\, 4 = 3{,}141 \times 4 \times 72 = 904^{\text{m. cub.}}{,}608^{\text{d. cub.}}.$$

140.

Les profondeurs de trois puits artésiens sont respectivement : $A = 220^{m.}$, $B = 395^{m.}$, $C = 543$; la température des eaux étant pour A $19°{,}75$, pour B $25°{,}33$, pour C $30°{,}50$, on demande si pour ces trois puits il est exact de dire que l'accroissement de la température soit proportionnel à l'accroissement de profondeur. Quelle serait la température de l'eau fournie par C, si la loi précédente était exacte?

A	220^{m}—$19°{,}75$
B	395^{m}—$25°{,}33$
C	543^{m}—$30°{,}50$

Les différences entre les profondeurs des puits B et A, C et B donneront les accroissements de profondeur. On trouve ainsi :

$$175^{m} \text{ et } 148^{m}.$$

Les accroissements de température s'obtiendront de même par une simple soustraction et seront

$$5°{,}58, \quad 5°{,}17.$$

Si ces accroissements étaient proportionnels aux premiers, on aurait

$$\frac{175}{148} = \frac{558}{517},$$

d'où

$$175 \times 517 \text{ égalerait } 148 \times 558 ;$$

ce qui ne peut avoir lieu, puisque ces produits devraient admettre évidemment les mêmes facteurs.

Cherchons la température x du puits C et supposons la loi vraie. A la température donnée par la proportion

$$\frac{175}{148} = \frac{558}{x'},$$

x' désignant l'accroissement, ajoutons 25°,33, nous aurons x.

or

$$x' = \frac{148 \times 558}{175} = 4°,71,$$

d'où

$$x = 4°,71 + 25°,33 = 30°,04.$$

141.

Trois personnes se sont associées et ont mis en commun, la première 4000 fr., la deuxième 7000 fr. et la troisième 9000 fr. Au bout d'un certain temps, ces trois sommes ont produit 5340 fr. Comment doit se répartir ce bénéfice ?

La question revient à partager 5340f· proportionnellement aux trois mises ou bien aux nombres 4, 7 et 9.

Représentons les bénéfices respectifs par x, y et z ; on aura

$$\frac{x}{4} = \frac{y}{7} = \frac{z}{9}.$$

La somme des numérateurs, divisée par celle des dénominateurs, formant un nouveau rapport égal aux premiers, on aura, en remarquant que $x + y + z = 5340$, et que $4 + 7 + 9 = 20$,

$$\frac{5340}{20} = \frac{x}{4} = \frac{y}{7} = \frac{z}{9},$$

d'où

$$x = \frac{5340}{20} \times 4 = 267 \times 4 = 1068$$

$$y = \frac{5340}{20} \times 7 = 267 \times 7 = 1869$$

$$z = \frac{5340}{20} \times 9 = 267 \times 9 = 2403$$

Vérification. $x + y + z =$ 5340

142.

Un rouleau cylindrique de bois de chêne a $0^{m.},3$ de diamètre et $2^{m.},5$ de longueur; le poids spécifique du chêne est 1,17. On demande le volume et le poids du rouleau.

Le volume du rouleau sera donné par la formule

$$V = \pi R^2 H,$$

et son poids par

$$P = \pi R^2 H \times 1{,}17, \text{ d'après la formule } P = VD,$$

en désignant par R le rayon du rouleau, par H sa hauteur.

Mais

$$H = 25^{\text{déc.}}, \quad R = \frac{3^{\text{déc.}}}{2} = 1^{\text{déc.}},5\,;$$

donc la formule

$$V = \pi R^2 H \text{ donnera } V = 3{,}14 \times 2{,}25 \times 25,$$

et le volume étant exprimé en décimètres cubes, le poids P le sera en kilogrammes.

Nous obtenons ainsi pour P :

$$P = 3{,}14 \times 2{,}25 \times 25 \times 1{,}17,$$

appliquant les logarithmes

$$\begin{array}{ll} \log \pi & = 0{,}4971499 \\ \log 2{,}25 & = 0{,}3521825 \\ \log 25 & = 1{,}3979400 \\ \log 1{,}17 & = 0{,}0681859 \\ \hline \log P & = 2{,}3154583 \\ \quad P & = 206^{\text{kil.}},756^{\text{g.}} \end{array}$$

Remarque. Le calcul de P peut se faire sans l'emploi des logarithmes ; c'est même là un moyen de vérification pour les calculs.

143.

Trouver un cylindre de la contenance d'un hectolitre dont la hauteur soit égale au diamètre de la base.

L'hectolitre valant 100 décimètres cubes, et 2R représentant le diamètre de la base du cylindre et sa hauteur, on aura, d'après la formule connue,

$$\pi R^2 \times 2R = 100^{\text{déc. cub.}},$$

d'où

$$R = \sqrt[3]{\frac{100}{2\pi}} = \sqrt[3]{\frac{50}{\pi}}.$$

$$\begin{aligned}
\log 50 &= 1,6989700 \\
\text{C}^{\text{t}} \log \pi &= 9,5028501 \\
&\quad -10 \\
\hline
3 \log R &= 1,2018201 \\
\log R &= 0,4006067 \\
R &= 2^{\text{déc.}},515 = 251^{\text{mm.}},5.
\end{aligned}$$

La hauteur du cylindre, ou 2R, sera 503^{mm}.

144.

Exposer les principes de la construction des tables trigonométriques et faire connaître la disposition et l'usage de ces tables.

On fera voir comment on a été conduit à prendre la longueur de l'arc de 10′ pour le sin 10′.

On démontrera la limite de l'erreur

$$a - \sin a < \frac{a^3}{4}.$$

On calculera la valeur de l'arc de 10′ en partant de

$$180^\circ = \pi,$$

d'où

$$180 \times 60 \times 60' = \pi \quad \text{et} \quad 10' = \frac{3,1415926}{180 \times 60 \times 6};$$

enfin, connaissant sin 10′, on calculera cos 10″, et au moyen des *Formules de Thomas Simpson* on s'élèvera de 10′ en 10′ jusqu'à 90°.

On indiquera des vérifications pour contrôler les valeurs trouvées.

On fera connaître la disposition des *Tables de Lalande*, et mieux la disposition de celles de *Callet*.

On expliquera pourquoi les colonnes intitulées *sinus*, *cosinus*, *tangentes* et *cotangentes*, par en haut, le sont *cos*, *sin*, *cot*, *tang*, par en bas.

Pourquoi ces tables ne contiennent qu'une différence commune pour les tangentes et les cotangentes, et comment on peut calculer les logarithmes des *sécantes* et des *cosécantes*...., etc., etc.

146.

Le diamètre d'une sphère est égal à 4 mètres; une corde parallèle à ce diamètre est égale à 2 mètres. On demande la surface engendrée par cette corde tournant autour du diamètre.

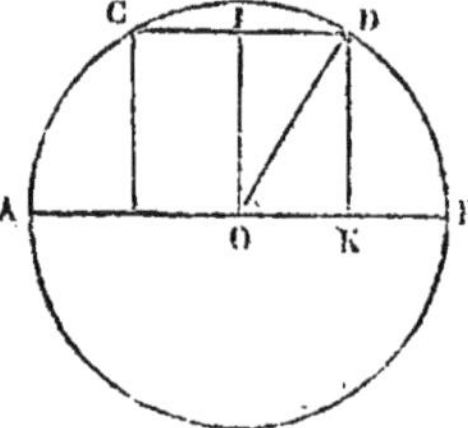

La surface engendrée est un cylindre, et l'on a

$$\text{surf.} = 2\pi DK \,.\, CD = 4 \,.\, \pi DK.$$

Le triangle rectangle ODK donne

$$DK = \sqrt{\overline{OD}^2 - \overline{OK}^2} = \sqrt{R^2 - \overline{DI}^2} = \sqrt{3},$$

d'où

$$\text{surf. } CD = 4\pi\sqrt{3} = 4 \times 3,14\sqrt{3} = 12,56\sqrt{3}$$
$$= \sqrt{3 \times (12,56)^2};$$

d'où

$$\text{surf. } CD = 21^{\text{m. c.}},75.$$

147.

Étant donné un arc de cercle de 60°, calculer la corde, la surface du segment et la surface du secteur, le rayon étant de 2m.,35.

L'arc a 60°; il s'ensuit que la corde AB qui sous-tend cet arc est le côté de l'hexagone régulier ; car $\frac{360}{6} = 60$. Le triangle AOB est donc équilatéral; d'où

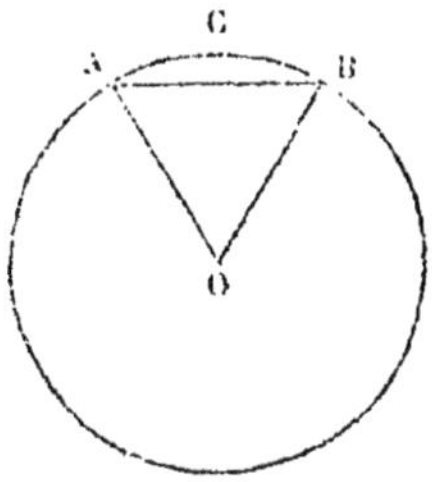

1° corde AB = 2m.,35.

Le secteur AOBC ayant pour mesure son arc multiplié par la moitié du rayon, nous serions obligé de rectifier l'arc AB pour avoir ce secteur. On peut s'en dispenser en remarquant que

$$\frac{\text{sect. AOBC}}{\text{cercle AO}} = \frac{60}{360},$$

d'où

$$\text{sect. AOBC} = \frac{1}{6}\pi R^2;$$

mais

$$\frac{\pi R^2}{6} = \frac{3,141 \times 5,5225}{6} = \frac{1,047 \times 5,5225}{2} = 0,524 \times 5,5225,$$

d'où

2° sect. AOBC = 2m. carr.,89déc. carr.,38c. carr..

Le segment circulaire ABC = sect. AOBC — triangle ABO. ABO est équilatéral, et nous savons que

$$\text{surf. ABO} = \frac{AB^2\sqrt{3}}{4} = \sqrt{\frac{3 \cdot AB^4}{16}}.$$

$$\begin{array}{ll} \log 3 & = 0,4771212 \\ 4 \log AB & = 1,4842716 \\ C^t \log 16 & = 8,7958900 \\ & -10 \\ \hline 2 \log surf.\ ABO & = 0,7572828 \\ \log ABO & = 0,3786414 \\ surf.\ ABO & = 2^{m.\ carr.}, 39^{d.\ carr.}, 13^{c.\ carr.} \end{array}$$

d'où

$$surf.\ du\ segment\ ABC = 50^{déc.\ carr.}, 25^{c.\ carr.}$$

148.

Discuter la marche à suivre pour déterminer le rapport de la circonférence au diamètre.

Des deux formules : cercle R $= \pi R^2$ et circonf. R $= 2\pi R$, on déduit

$$\pi = \frac{\text{cercle R}}{R^2}, \ \pi = \frac{\text{circonf. R}}{2R}.$$

De là quatre méthodes pour déterminer le nombre constant π.

Étant donné le rayon, on peut se proposer de calculer la surface du cercle, ou réciproquement.

Étant donnée la longueur de la circonférence, on peut se proposer de calculer son rayon, ou réciproquement.

L'une quelconque de ces quatre méthodes permet de calculer π, avec une approximation déterminée.

Une cinquième méthode, dans laquelle le degré d'approximation reste inconnu, méthode prescrite par le programme officiel, consiste à calculer les périmètres des polygones réguliers de 4, 8, 16, 32,.... côtés inscrits dans un cercle de rayon donné.

Il est clair qu'on se rapproche ainsi de la circonférence, et l'on comprend, qu'après un nombre de duplications suffisantes, on pourra, sans erreur sensible, prendre le périmètre du dernier polygone que l'on obtiendra pour la longueur de la circonférence elle-même. Mais à quel polygone s'arrêtera-t-on ? quand aura-t-on une approximation suffisante ?

Là est l'incertitude de la méthode. Cette incertitude disparaîtrait si l'on connaissait les périmètres des polygones réguliers circonscrits semblables ; car les décimales communes aux périmètres des polygones réguliers inscrits et circonscrits d'un même nombre de côtés appartiendraient nécessairement à la circonférence.

Ce que nous disons des périmètres pourrait aussi se dire des surfaces.

Calculons donc le périmètre du carré inscrit ; puis, au moyen de la formule,

$$= 2R\left(R - \sqrt{R^2 - \frac{a^2}{4}}\right),$$

a désignant le côté connu du polygone régulier, c le côté du polygone régulier d'un nombre de côtés double, etc.

150.

On a deux points A et B distants de 225 kilomètres. Les 100 kilogrammes de charbon coûtent en A 3 fr. 75 c., en B 4 fr. 75 c. On demande quel est le point de la ligne AB où le charbon coûte le même prix, qu'il vienne d'A ou qu'il vienne de B (les 100 kilogrammes coûtant 0 fr. 80 c. par 100 kilomètres).

Soit C le point cherché et AC $= x$. On aura BC $= 225 - x$.

A —— C —— B

Cherchons en C le prix des 100 kilog. de charbon amenés des points A et B.

$$100 \text{ kilog. coûtent pour } 100 \text{ kilom} \ldots\ldots 0^f,80,$$

$$100 \text{ kilog. coûtent pour } 1 \text{ kilom} \ldots\ldots \frac{0^f,80}{100},$$

$$100 \text{ kilog. coûteront pour } x \ldots\ldots \frac{0,80 \times x}{100}.$$

Et comme, d'après l'énoncé, le prix de 100 kilog. de charbon est en A de 3,75, le prix sera en C de

$$3^f,75 + \frac{0,80 . x}{100} \qquad (1)$$

pour le charbon extrait du point A.

Le charbon extrait du point B coûtera en C $4^f,75$, joints à son prix de transport pour $225 - x$ kilom., c'est-à-dire

$$4^f,75 + \frac{(225 - x)\, 0,80}{100}. \qquad (2)$$

Égalant (1) et (2), on aura, pour l'équation du problème,

$$3,75 + \frac{0,80 \times x}{100} = 4,75 + \frac{0,80\,(225 - x)}{100},$$

d'où

$$375 + 0,80 \times x = 475 + 180 - 0,80 \times x,$$

$$1,60x = 280,\ x = \frac{2800}{16} = 175 \text{ kilom.}$$

Ainsi

$$AC = 175 \text{ kilom.},\ BC = 225 - 175 = 50 \text{ kilom.}$$

Au point C, le charbon coûte donc par 100 kilog., pour le point A :

$$3^f,75 + \frac{0,80 . 175}{100} \text{ ou } 3,75 + 1,4 = 5^f,15;$$

pour le point B :

$$4,75 + \frac{0,80 . 50}{100} \text{ ou } 4,75 + 0,4 = 5^f,15.$$

SUJETS

DE

COMPOSITIONS DE PHYSIQUE

DONNÉS

AUX EXAMENS DES FACULTÉS DES SCIENCES.

1.

Un ballon de verre de 5 litres à 0° est rempli d'air à cette température et sous la pression 0,76; on le chauffe à 100°, et on le met en communication avec une atmosphère indéfinie ayant une pression de 0m.,60. On demande quel sera, en ces circonstances, le poids de l'air qui sortira du ballon.

Le poids d'un litre d'air sec à 0° et à 0,76 est 1gr.,293; le coefficient de dilatation du gaz égale 0,00367, et celui du verre $\frac{1}{38700}$.

(Paris, 11 avril 1863.)

2.

On demande la chaleur spécifique d'un corps solide déduite de l'expérience suivante : ce corps est pris à la température de 89°,5, il pèse 3k.,352; on le plonge dans 23k.,528 d'eau à 11°,45; le mélange marque la température de 15°,18. Le liquide est contenu dans un vase en métal pesant 0k.,721 et ayant une chaleur spécifique égale à $\frac{1}{15}$, rapportée à la chaleur spécifique de l'eau prise pour unité. On indiquera les circonstances qui exigeraient une correction, pour que la détermination fût tout à fait rigoureuse.

(Paris, 13 avril 1863.)

3.

On demande quel est le poids d'un fil de fer cylindrique qui a une longueur de 179 kilomètres et un diamètre de 4mm. à 0° : à cette température, le poids spécifique du fer est 7,7. On demande en outre la longueur du même fil à 35° : le coefficient de dilatation linéaire du fer est $\frac{1}{81200}$.

(Paris, 22 avril 1863.)

4.

Un aréomètre de Fahrenheit doit être chargé de 20 grammes pour affleurer dans l'eau à 4°, et de 50 grammes pour affleurer, à cette température, dans un liquide dont la densité est 1,45 : on demande quel est, à cette même température, le poids spécifique d'un liquide dans lequel le même aréomètre affleure quand on le charge de 35 grammes.

(Paris, 10 juillet 1863.)

5.

Décrire la lunette astronomique. Faire connaître la marche des rayons lumineux dans cet instrument.

(Paris, 11 juillet 1863.)

6.

Sachant qu'un volume d'air saturé de vapeur d'eau à 20°, sous la pression $0^{m.},77$, pèse $16^{gr},14$, on demande quel est actuellement ce volume d'air et quel serait son poids à la température 0° et sous la pression $0^{m.},76$. On sait que la tension de la vapeur d'eau à 20° est $17^{mm.},391$, que le poids de la vapeur d'eau est, toutes choses égales d'ailleurs, les $\frac{5}{8}$ de celui de l'air et qu'un litre d'air à 0° et sous la pression $0^{m.},76$ pèse $1^{gr.},29$.

(Paris, 13 juillet 1863.)

7.

Des aérostats.

Quelle est la force ascensionnelle d'un ballon supposé sphérique, de $15^{m.}$ de diamètre et qui, fait avec un taffetas imperméable pesant $0^{k.},3$ par mètre carré, est gonflé avec du gaz d'éclairage d'une densité de 0,5?

(Paris, 14 juillet 1863.)

8.

Des mélanges des gaz et des vapeurs. Effets produits sur ces mélanges par les changements de pression et de température.

Une couche de neige à 0° a 1 centimètre d'épaisseur; combien faudra-t-il qu'elle reçoive de chaleur solaire par mètre carré de superficie pour se répandre dans l'air sous forme de vapeur à 12°? La densité de la neige est $0,77^{c.}$.

(Paris, 15 juillet 1863.)

9.

Expliquer la méthode employée pour mesurer la force élastique des vapeurs à des températures inférieures à 0°.

Le coefficient de dilatation d'un métal étant égal à 0,000128, quel est à 250° le volume d'un cube dont le côté est égal à 1m. dans la glace fondante?

(Paris, 16 juillet 1863.)

10.

Un corps de pompe cylindrique dont la section a 0,3 de rayon se trouve placé dans une position verticale et renferme une quantité suffisante d'eau : sur la surface presse un piston percé en son centre d'une ouverture circulaire dont le rayon est de 0,05 et au-dessus de laquelle s'élève un long tube faisant corps avec le piston. Le piston et le tube pèsent 200 kil. On demande à quelle hauteur l'eau s'élèvera dans le tube au-dessus de la base inférieure du piston. On néglige les frottements, de sorte que le poids de 200 kil. représente sans perte la pression que le piston exerce sur le liquide qu'il touche.

(Paris, 5 novembre 1863.)

11.

Une lampe et une bougie sont distantes l'une de l'autre de 4m.,15, et on sait que les intensités des deux lumières sont entre elles comme 6 est à 1; à quelle distance de la lampe, sur la ligne droite qui joint les deux lumières, doit-on placer un écran, pour qu'il soit également éclairé par l'une et par l'autre?

(Paris, 6 novembre 1863.) *Sujet développé.*

12.

La capacité du cuivre pour la chaleur est 0,095; son poids spécifique à 0° est 8,8; le poids spécifique de l'eau à 30° est 0,9957. Ceci posé, on verse 3 litres d'eau à 30° dans un vase hémisphérique en cuivre primitivement à 0° et ayant une capacité de 3 litres à cette température. La température de l'eau s'abaisse de 3°, celle du vase s'élève de 27°; on demande quelle est à 0° l'épaisseur de la paroi du vase.

(Paris, 7 novembre 1863.)

13.

On fait condenser dans 2 kil. d'eau à 10° 100 gr. de vapeur d'eau à 100° sous la pression de 0m.,76. On demande quelle sera la température finale du mélange. On admettra que la quantité de chaleur nécessaire pour volatiliser un kil. d'eau à 100° sous la pression de 0m.,76 est 537 unités de chaleur.

(Paris, 12 novembre 1863.)

14.

Qu'est-ce que la tension *maxima* d'une vapeur à une température déterminée? Donner un procédé qui permette de déterminer la tension *maxima* de la vapeur d'eau entre 0° et 100°.

(Paris, 13 novembre 1863.)

15.

Dans un mètre cube d'air sec dont la température est 10°, on introduit 2gr. d'eau qui s'évapore; on demande quelle est la pression de la vapeur contenue dans cet espace, sachant que la densité de la vapeur d'eau est 0,62 et que le poids d'un mètre cube d'air à 0° et à la pression $0^{m.},76$ est $1^{gr.},29$.

(Paris, 1er avril 1862.)

16.

Trouver l'expression en kilogrammes de l'effort à faire pour soutenir dans le mercure à 30° un morceau de platine dont le poids absolu est 20 kilogrammes. La densité du platine à 0° est 22 ; le coefficient de la dilatation cubique de ce métal est $\frac{1}{38700}$; le coefficient de la dilatation cubique du mercure est $\frac{1}{5550}$; la densité de ce métal à 0° est 13,59.

(Paris, 4 avril 1862.)

17.

On introduit un peu d'eau dans la chambre d'un baromètre placé dans l'air à la température de 20° ; la dépression qu'on observe est $17^{mm.},9$: quelle est la pression *maxima* de la vapeur d'eau à la température de 20° ? Le coefficient de dilatation du mercure est $\frac{1}{5550}$.

(Paris, 7 avril 1862.)

18.

Effets de la pile. Galvanoplastie.

Une caisse en métal, du poids de $5^{k.},432$, renferme $20^{k.},175$ d'eau à 32° ; on demande combien il faut y dissoudre de glace à 0° pour que la température de cette eau soit abaissée à 12°,5. La chaleur spécifique du métal est $\frac{1}{12}$.

(Paris, 17 juillet 1862.)

19.

On a mesuré une longueur avec des règles de platine à la température de 20°; à la lecture immédiate, cette longueur a été trouvée de 123m.,291; mais comme les règles de platine avaient été étalonnées à 0°, le nombre 123m.,291 n'est pas rigoureusement exact : on demande quelle correction il doit subir. On sait que le coefficient de dilatation cubique du platine est $\frac{1}{38700}$.

Électroscope à paille ou à lames d'or. Usages de cet instrument.

(Paris, 22 juillet 1862.)

20.

On fait passer 34k.,26 de vapeur d'eau à 100° dans une masse d'eau de 2500k. à 16°, contenue dans un récipient en laiton, du poids de 122k.. On demande la température du mélange, sachant que la chaleur spécifique du laiton est 0,939.

Induction. Appareil de Pixii.

(Paris, 23 juillet 1862.)

21.

Définition de la déclinaison et de l'inclinaison. Décrire la boussole des déclinaisons et en indiquer les principaux usages.

(Paris, 25 juillet 1862.)

22.

Sachant que la densité du cuivre est 8,8 et que le coefficient de sa dilatation cubique est $\frac{1}{19500}$, on demande ce que pèsera à 50° une sphère de ce métal de 1m. de rayon.

(Paris, 4 novembre 1862.)

23.

Un litre d'air pèse 1gr.,29 à 0° et à 0,76 de pression ; chercher le poids :

1° à 25°,45 et à la pression de 2m.,24;
2° à 12°,17 et à la pression de 0m.,18.

(Paris, 6 avril 1861.)

24.

Combien faut-il de glace à 0° pour abaisser de 10° la température de 23lit. d'eau, dont la température est de 25 degrés centigrades ?

(Paris, 10 avril 1861.)

25.

A quel degré du thermomètre centigrade 111° du thermomètre de Fahrenheit correspondent-ils ?

(Paris, 12 avril 1861.)

26.

Une barre métallique de 2m.,57 est prise à 12°; quelle en serait la longueur à 25° ?

(Paris, 17 avril 1861.)

27.

A quelle température faudra-t-il porter un gaz pour que son volume soit 1,5 de son volume primitif mesuré à 30° ? On suppose que la pression reste constante.

(Paris, 19 avril 1861.)

28.

Deux ballons sphériques en verre sont en équilibre dans les plateaux d'une balance bien juste, à 0° et sous 0m.,76 de pression. Le diamètre de l'un est 0m.,34, et celui de l'autre 0m.,18. La température s'élève à 30°, et la pression devient 0m.,74. On demande si l'équilibre subsistera encore. Dans le cas où il serait troublé, quel poids faudra-t-il pour le rétablir et dans quel plateau faudra-t-il le placer? Les ballons sont et restent fermés; de sorte qu'il ne peut survenir aucune variation dans le poids du gaz qu'ils renferment. Le poids d'un litre d'air sec à 0° et sous la pression 0m.,76 est de 1gr.,293. Le coefficient de dilatation du gaz est 0,00367, et celui de la dilatation cubique du verre est $\frac{1}{38700}$.

(Paris, 12 juillet 1861.)

29.

Une sphère de cuivre creux a un diamètre extérieur de 0m.,3 et un diamètre intérieur de 0m.,25 à 20°. On la remplit d'eau à cette température. La densité du cuivre à 0° est 8,8; son coefficient de dilatation linéaire est $\frac{1}{58100}$. La densité de l'eau à 20° est 0,998204. Calculer le poids total.

(Paris, 15 juillet 1861.)

30.

Étant donnés 6 litres d'un gaz saturé d'humidité à 11°, sous la pression 0m.,768, on demande le volume à 15°, sous la pression 0m.,75, en le supposant sec. On sait que la tension de la vapeur d'eau à 11° est 0,010074.

(Paris, 24 juillet 1861.)

31.

Le pèse-acide de Baumé affleure dans l'eau au 0 de la division, et dans l'acide sulfurique, dont la densité est 1,8, à la 66e division. On demande, en supposant la tige cylindrique, quel est le rapport entre le volume d'une division et celui de la partie immergée dans l'eau.

(Paris, 30 juillet 1861.)

32.

Un certain volume de gaz pèse $8^{gr.},573$ à 0° et à la pression $0^{m.},76$. Combien pèserait le même volume à 17° et à $0^{m.},752$ de pression? Le coefficient de dilatation du gaz est 0,00367.

(Paris, 31 juillet 1861.)

33.

On a employé 5 kilogrammes de vapeur d'eau pour chauffer 50 kilogrammes d'eau à 8°. Cette eau est contenue dans une caisse en cuivre du poids de $0^{k.},847$ et d'une chaleur spécifique égale à 0,098. La chaleur latente de la vapeur d'eau est 540. On demande l'élévation de la température de l'eau.

(Paris, 2 août 1861.)

34.

On fait passer dans un tube en U, rempli de pierre ponce imbibée d'acide sulfurique, $20^{gr.}$ d'air à 20° sous la pression de $0^{m.},76$ et saturé d'humidité. Dans ces conditions, quel sera l'accroissement de poids que le tube éprouvera? On suppose que le gaz est complètement desséché. Le poids spécifique de la vapeur d'eau, rapporté à l'air, est $\frac{5}{8}$. Le coefficient de dilatation du gaz est 0,00367, et le poids d'un litre d'air sec à 0° et à 0m.,76 de pression est 1gr.,293. La tension maximum de la vapeur d'eau est 0,0175.

(Paris, 5 août 1861.)

35.

La chaleur spécifique du cuivre est 0,095, son coefficient de dilatation linéaire $\frac{1}{58100}$, et son poids spécifique 8,87 à 0°. Ceci posé, on demande quel volume de cuivre à 95° il faut mettre dans 1k. d'eau à 4° pour que la température s'élève à 12°.

(Paris, 6 août 1861.)

36.

A quelle température faut-il chauffer de l'acide carbonique pour que le litre de ce gaz, sous la pression 0m.,77, pèse 1gr.,293? On sait que la densité de l'acide carbonique, rapportée à celle de l'air, est égale à 1,52; on sait aussi que le poids spécifique absolu de l'air est $\frac{1}{773}$ à 0° et à la pression 0m.,76; on sait enfin que le coefficient de dilatation des gaz est 0,00367.

(Paris, 12 août 1861.)

37.

3 litres d'air à 30° et à 0m.,76 de pression ont un état hygrométrique égal à $\frac{3}{4}$. On les agite avec de l'acide sulfurique concentré. On demande : 1° ce que de-

viendra le volume du gaz sous la même pression et à la même température ; 2° quel est l'accroissement du poids de l'acide sulfurique. La tension maxima de la vapeur à 30° est 0,0315, et sa densité est $\frac{5}{8}$. On sait que le poids d'un litre d'air à 0° et 0m.,76 de pression est 1gr.,293, et que le coefficient de dilatation des gaz est 0,00367.

(Paris, 8 novembre 1861.)

38.

Une barre métallique de 3m. à 0° est formée de deux autres, l'une de platine et l'autre de cuivre, mises bout à bout. A 100°, la longueur de la barre totale est de 3m.,0035. On demande quelle sera à 0° la longueur de la barre de cuivre et celle de la barre de platine. Le coefficient de dilatation du cuivre est $\frac{1}{58400}$, et celui du platine $\frac{1}{116700}$.

(Paris, 14 novembre 1861.)

39.

Le coefficient de dilatation cubique du mercure est $\frac{1}{5550}$ et celui du verre $\frac{1}{38700}$. Le poids spécifique du mercure à 0° est 13,59. On demande quel est à 0° le volume d'un vase de verre qui peut renfermer 3kilogr. de mercure à 30°. Il est entendu que ces 3kilogr. de mercure remplissent complétement le vase à 30°.

(Paris, 16 novembre 1861.)

40.

$3^{kil.},264$ de fer sont plongés dans $8^{kil.},624$ d'eau à 20° contenue dans un vase d'argent du poids de $2^{kil.},345$.

La capacité du fer est de 0,114;

Celle de l'argent 0,057 ;

La température finale du mélange est de 25°.

On demande la température initiale de la masse de fer.

(Nancy, 16 avril 1860.)

41.

A la température de 30° centigrades, et à la pression de 780 millimètres, de l'air saturé d'humidité occupe un volume de 10 mètres cubes; on demande ce que deviendra le volume d'air saturé d'humidité à 0° et à 760 millimètres de pression. On sait qu'à 30° la force élastique *maxima* de la vapeur d'eau est de $31^{mm.},548$, et à 0° cette force est de $4^{mm.},600$. Coefficient de dilatation, $\frac{1}{267}$. On ne tiendra pas compte de la vapeur d'eau condensée.

(Marseille, 18 avril 1860.)

42.

Un corps opaque est éclairé par une bougie et par une lampe. Les ombres projetées par ce corps sur un écran ont la même intensité.

Les distances à l'écran :

Pour la bougie = 1 mètre;
Pour la lampe = $2^{m.},50$.

Quel est le rapport des intensités des deux lumières?

(Poitiers, 27 juillet 1860.)

43.

12 litres d'air à 10°, sous la pression extérieure de 760 millimètres, sont en contact avec de l'eau. On chauffe le tout à 50°, sous la même pression. Quel sera le volume occupé par le mélange d'air et de vapeur ?

Tension maximum de la vapeur à 10° = 9mm.,16.
Id. . . . . à 50° = 92.

(Poitiers, 30 juillet 1860.)

44.

Dix litres d'un certain gaz à 27°, sous la pression 0m.,684, pèsent 16g.,15 ; quelle est la densité de ce gaz, et, d'après la densité, quel peut être le gaz ? 1 litre d'air à 0°, et sous la pression 0m.,76, pèse 1g.,293. Le coefficient de dilatation du gaz est $\frac{1}{273}$.

(Poitiers, 7 août 1860.)

45.

Combien faut-il faire condenser de vapeur d'eau à 100° dans 300 kilogrammes d'eau à 0° pour en élever la température à 63° ?

La chaleur perdue par le vase où se fait la condensation, pendant l'expérience, suffirait pour chauffer 12 kilogrammes d'eau de 0° à 100°. Ce vase, en cuivre, pèse 20 kilogrammes.

Chaleur latente de la vapeur à 100° = 536 calories ; chaleur spécifique du cuivre = 0,1.

(Poitiers, 13 août 1860.)

46.

Un ballon de 10 litres de capacité est plein d'air saturé d'humidité à 30°, sous 0m.,760 de pression. On demande le poids de l'air sec et le poids de la vapeur d'eau qu'il renferme.

Force élastique de la vapeur d'eau à 30° $=$ 31mm.,32.
Poids du litre d'air à 0° sous 760m. $=$ 1gr.,293.
Coefficient de la dilatation des gaz. $= \frac{1}{273}$.

Densité de la vapeur $= \frac{5}{8}$ de celle de l'air.

(Poitiers, 14 novembre 1860.)

47.

Expliquer la distillation des liquides, et comme application résoudre la question suivante :

On distille de l'eau dans un alambic dont le réfrigérant a une capacité de 60lit.,7. L'eau y est introduite à 10° et on la renouvelle graduellement, de manière que l'eau qui entoure le serpentin se maintienne à la température moyenne de 30°. Combien de fois se sera renouvelée l'eau du réfrigérant, quand on aura distillé 10 kilogrammes d'eau? L'eau distillée sort du serpentin à la température de 30° et y entre en vapeur à 100°. (On néglige la chaleur prise par le vase réfrigérant et celle qu'il perd par le refroidissement pendant l'expérience.)

(Poitiers, 16 novembre 1860.)

48.

Une pierre est tombée au fond d'un puits. On a entendu le bruit de sa chute 4″ 1/2 après son départ. Quelle est la profondeur du puits ?

Un tube plein d'air sec, sous la pression de 0m.,80, est enfoncé dans une cuve à mercure jusqu'à ce que le sommet affleure le niveau du mercure dans la cuve. Quel est le volume occupé par l'air?

(Poitiers, 19 novembre 1860.)

49.

Une pompe pneumatique, aspirante et foulante, puise de l'air dans un récipient dont la capacité est de 20 litres et l'injecte dans un vase dont la capacité est de 5 litres; le corps de pompe, lorsque le piston est au plus haut de sa course, a un volume intérieur égal à 2 litres. Originairement la pression dans le récipient ainsi que dans le vase est égale à 0m.,75; le piston dans le corps de pompe est au point le plus bas de sa course et il ne laisse aucun espace au-dessous de lui. Ceci posé, on donne deux coups de piston et l'on demande ce qu'est devenue la pression : 1° dans le récipient; 2° dans le vase. On suppose la température invariable.

(Paris, 2 avril 1859.)

50.

Comment peut-on prouver qu'il y a absorption de chaleur dans la fusion d'un solide ou la vaporisation d'un liquide?

La chaleur latente de la vapeur d'eau étant supposée égale à 540°, on demande à quelle température on élèvera 20 litres d'eau prise à 4°, en y condensant 1 kilogramme de vapeur à 100°, sous la pression de 0m.,76°.

(Paris, 5 avril 1859.)

51.

Une masse d'eau de 28k.,178 est dans une caisse en métal pesant 1k.,719, et dont la chaleur spécifique est de $\frac{5}{11}$; 5k.,287 d'un métal à 75°,5 sont plongés dans cette eau. La température s'élève de 13°,45 à 28°,12; on demande la chaleur spécifique du métal.

(Paris, 6 avril 1859.)

52.

Enoncer le principe d'Archimède.

Calculer la force ascensionnelle d'un ballon sphérique de 5 mètres de rayon et rempli d'hydrogène pur, sachant que la densité de ce gaz est égale à 0m.,063.

(Paris, 12 avril 1859.)

53.

Un tube AB effilé en B, plein d'air sec, est exposé à une température inconnue x, sous la pression 0m.,76. On le ferme alors hermétiquement. Refroidi à la température ambiante de 10°, on le plonge, par B, dans une cuvette de mercure. On brise la pointe B; le tube est dressé verticalement; le mercure s'y élève à 20 centimètres au-dessus du niveau. On retire le tube de la cuvette en le bouchant avec le doigt en B. On le retourne et on le pèse. Le poids du tube est alors de 200 grammes. On achève de le remplir de mercure à la même température de 10°. Son poids est de 350 grammes.

Enfin le tube est pesé vide. Ce dernier n'est plus que de 100 grammes. Déterminer la température x.

Le coefficient de dilatation de l'air, sous pression constante, est égal à $\frac{1}{273}$ de son volume à 0°. On négligera la dilatation du verre.

(Poitiers, 29 juillet 1859.)

54.

Lois des vibrations des cordes. — Comment les détermine-t-on par l'expérience?

(Toulouse, 1er août 1859.)

55.

Quel diamètre intérieur faut-il donner, en mètres, à une chaudière dont la forme est un cylindre terminé par deux demi-sphères? Sa longueur totale doit être 4 fois le diamètre intérieur. Elle doit contenir 45 hectolitres.

(Poitiers, 3 août 1859.)

56.

Lois de la formation des vapeurs dans le vide. — Maximum de tension. — Comment mesure-t-on la force élastique maximum de la vapeur d'eau à diverses températures par le procédé de Dalton?

(Toulouse, 6 août 1859.)

57.

On veut lester un cylindre de bois de longueur égale à 1m., de manière à ce qu'il affleure dans l'eau jusqu'à sa partie supérieure. On prend pour lest un cylindre de platine de même section droite que le cylindre de bois, et l'on fixe ce cylindre de platine à la partie inférieure du cylindre de bois, de façon à ce qu'il en soit le prolongement. La densité du bois est 0,5; celle du platine, 21,5. Quelle longueur faut-il donner au cylindre de platine pour satisfaire à la condition énoncée?

(Paris, 4 novembre 1859.)

58.

L'air d'une cheminée qui a 60$^{m.}$ de hauteur a une température de 100°, tandis que celle de l'air extérieur est à 0°. On demande d'exprimer en millimètres de mercure le tirage de cette cheminée. On demande d'exprimer de plus quel serait ce tirage, si l'air extérieur était à une température de 10°. On prendra pour coefficient de dilatation de l'air 0,00366.

(Paris, 6 novembre 1859.)

59.

Combien faut-il d'eau froide à 0° pour condenser un volume de 1000 litres de vapeur d'eau à 100° sous 0$^{m.}$,76, de façon que cette eau, par suite de la condensation de la vapeur, ne s'élève qu'à la température de 40°?

Chaleur latente de la vapeur d'eau à 100° = 536 calories.

Poids du litre d'air sec à 0° sous 0$^{m.}$,76 = 1$^{gr.}$,3.

Densité de la vapeur d'eau $= \frac{5}{8}$ de celle de l'air.

Coefficient de dilatation du gaz $= \frac{1}{273}$ pour 1°.

(Poitiers, 11 novembre 1859.)

60.

Une boule de cire et une boule de platine, suspendues dans l'air aux deux extrémités du fléau d'une balance, se font équilibre. Trouver le rapport des poids réels de ces deux boules. La densité du platine = 22, celle de la cire = 0,96 et celle de l'air = 0,0013.

(Poitiers, 14 novembre 1859.)

61.

Un tube barométrique, plongé dans une cuvette profonde et dressé verticalement, renferme de l'air sec dans sa partie supérieure. Le volume de cet air est de 3 centimètres cubes, et la hauteur du mercure dans le tube au-dessus du niveau dans la cuvette est de 588 millimètres. On soulève le tube jusqu'à ce que l'air de la chambre barométrique occupe 4 centimètres cubes. La hauteur du mercure dans le tube est alors de 630 millimètres. On demande quelle est la pression extérieure.

(Poitiers, 16 novembre 1859.)

62.

Un litre d'un certain gaz pèse $1^{gr.},562$ à 0° sous la pression $0^{m.},76$; on porte la température à 25°, la pression devenant $0^{m.},78$. On pèse un litre de ce gaz dans ces conditions. On demande le poids qu'on doit trouver.

(Paris, 8 avril 1858.) *Sujet développé.*

63.

Le litre d'air sec pèse $1^{gr.},293$ à 0° et sous la pression $0,76$; la densité de la vapeur d'eau est égale aux $\frac{5}{8}$ de celle de l'air, dans les mêmes conditions : quelle perte de poids éprouvera, par le fait de son immersion dans l'air, un ballon de verre ayant un volume extérieur de 10 litres, lorsque la température sera de 20°, la pression $0,78$ et l'état hygrométrique $\frac{3}{4}$, la tension maximum à 20° étant $0,0174$ et le coefficient de dilatation du gaz égal à $0,00367$.

(Paris, 14 avril 1858.)

64.

Dix mètres cubes d'air humide étant à la température de 10° et possédant un état hygrométrique égal à $0,7$, on demande quel est le poids de la vapeur d'eau qu'ils contiennent et le volume que cette vapeur occuperait, à l'état de pureté, sous la pression de $0^{m.},760$ et à la température de 100° ; la tension maximum de la vapeur d'eau à 10° est de $0,009$, la densité de la vapeur $= 0,62$ et le poids du mètre cube d'air $= 1^{k.},3$.

(Paris, 14 avril 1858.)

65.

Description et théorie de la machine pneumatique. Calculer le poids de l'air qui reste dans le récipient de cette machine après 20 coups de piston, la capacité du récipient étant de 3 litres, celle du corps de pompe de 1/4 de litre.

(Paris, 30 avril 1858.)

66.

Un thermomètre à réservoir sphérique et à tige intérieurement cylindrique pèse vide 15 grammes. Il pèse 45 grammes quand, à la température de 0°, il est plein de mercure jusqu'à l'origine de la tige. Il pèse 46 grammes quand, toujours à 0, le réservoir est plein de mercure, ainsi que la tige, dans une longueur de 1 décimètre. La tige est divisée en millimètres. Ceci posé, on demande quelles sont à 0° : 1° la capacité du réservoir; 2° la capacité de chaque division de la tige : le poids spécifique du mercure à 0° étant 13,59. On calculera le rayon du réservoir et celui de la tige.

(Paris, 17 juillet 1858.)

67.

On laisse tomber une pierre dans un puits : on demande de calculer la profondeur de ce puits, sachant qu'il s'est écoulé 0s.,56 entre l'instant où la pierre a commencé de se mouvoir et celui où l'on a entendu le son.

(Paris, 19 juillet 1858.) *Sujet développé.*

68.

Dans une machine à vapeur, on suppose la vapeur d'eau à 140°, l'eau froide à injecter dans le condenseur à 14° et l'eau du mélange à 38°. On demande quel sera le poids d'eau nécessaire pour condenser un poids donné de vapeur.

(Paris, 20 juillet 1858.)

69.

Quels sont les principes sur lesquels est fondée la machine électrique? En nommer d'une manière rapide les parties essentielles et indiquer le rôle de chacune d'elles.

(Paris, 22 juillet 1858.)

70.

On plonge 5 kilogrammes d'un métal à 80° dans 60 kilogrammes d'eau à 15°,5, et le mélange est porté à 26°,4. L'eau est renfermée dans un vase en cuivre pesant 0k.,534. La chaleur spécifique du cuivre est de 0,09.

On demande la chaleur spécifique du métal.

(Paris, 23 juillet 1858.)

71.

Un récipient ayant 1 litre de capacité et renfermant de l'air à la pression de 0m.,76 est ajusté, à l'aide d'une monture à robinet, à la partie supérieure d'un baromètre à cuvette dont le tube a une longueur de 1 mètre. Cette longueur est comptée à partir du niveau du mercure dans la cuvette, lequel est censé invariable. La pression extérieure est de 0m.,77. On ouvre le robinet qui fait communiquer le récipient et le baromètre, et le mercure, dans ce dernier, s'abaisse de manière à n'être plus qu'à 50 centimètres du niveau dans la cuvette. On demande quel est le diamètre du tube barométrique. La température ne change pas pendant l'expérience.

(Paris, 29 juillet 1858.)

72.

Un vase de verre renferme à 0° un morceau de fer du poids de 100 grammes, et en outre 120 grammes de mercure; il est complétement plein. On chauffe à 100°, et on demande quel est le poids du mercure qui sort.

La densité du fer à 0° est 7,78, son coefficient de dilatation cubique est $\frac{1}{28700}$. La densité du mercure à 0° est 13,59, son coefficient de dilatation cubique est $\frac{1}{5550}$. Le coefficient de dilatation cubique du verre est $\frac{1}{38700}$.

(Paris, 5 août 1858.)

73.

On suppose une presse hydraulique ayant deux corps de pompe, dont le grand a 0m.,4 de diamètre, et le petit 0m.,03 de diamètre. La course de ce dernier piston est de deux décimètres. On demande de combien de millimètres le piston s'est élevé dans le grand corps de pompe, après 7 coups de piston, et quelle est la pression exercée sur un corps par le grand piston quand on maintient sur la tige du petit piston un poids de 100 kilogrammes.

(Paris, 8 août 1858.)

74.

Un manomètre est divisé en 110 parties d'égale capacité. Quand la pression extérieure est 0m.,76, le mercure revient au 0 de l'échelle dans l'intérieur de l'éprouvette et dans le bain. On porte ce manomètre dans une machine où l'on comprime l'air, et l'on voit le mercure s'élever jusqu'à la 80e division; enfin, on mesure la hauteur du mercure dans le tube et on la trouve de 0m.,45. On demande la pression dans la machine.

(Paris, 13 août 1858.) *Sujet développé.*

75.

Deux règles, l'une en cuivre, l'autre en platine, ont la forme de prismes droits à base rectangulaire; elles sont parfaitement égales à 0°, et leur longueur commune est de 1m.,25. On sait que le coefficient de la dilatation linéaire du cuivre est $\frac{1}{53500}$; celui du platine est $\frac{1}{116700}$. On demande : 1° quelle sera à 100° la différence des longueurs de ces règles; 2° quel sera, toujours à 100°, le rapport des surfaces de leur section droite.

(Paris, 18 août 1858.)

76.

Le volume d'air de l'éprouvette d'une machine de compression est de 304 parties. Par le jeu de la machine ce volume est réduit à 74 parties, et le mercure s'est élevé dans le tube manométrique à 0m.,48. On demande dans quel rapport s'est accrue la quantité d'air du récipient de la machine.

(Paris, 3 novembre 1858.)

77.

On demande à quelle température il faut élever 76lit.,25 d'air pris à 0° pour que le volume de ce gaz soit triple, sachant que le coefficient de dilatation cubique de l'air est 0,00367.

(Paris, 5 novembre 1858.) *Sujet développé.*

78.

Une couronne pesant 300 grammes est formée d'or ou d'argent ou bien d'un alliage de ces deux métaux ; on la pèse dans l'eau et on trouve qu'elle a perdu 20 grammes de son poids. On demande quelle est la composition de la couronne, sachant que la densité de l'or est 19,5 et celle de l'argent 10,51.

(Paris, 12 novembre 1858.) *Sujet développé.*

79.

Il s'est déclaré à fond de cale d'un navire une voie d'eau de forme circulaire et d'un rayon de $0^{m.}$,1. La hauteur verticale de l'eau, depuis son niveau à l'extérieur jusqu'au centre de l'ouverture, est de 3,03. L'eau de mer a une densité de 0,97. On demande, à un hectogramme près, le poids qu'il faudrait maintenir sur le tampon qui bouche cette voie, pour empêcher l'eau d'entrer.

(Paris, 16 novembre 1858.) *Sujet développé.*

80.

Dans une machine d'Atwood les poids égaux, suspendus aux extrémités du fil, pèsent chacun $50^{gr.}$; sur l'un des poids on ajoute une masse qui met le système en mouvement, et l'on constate que l'espace parcouru en 3″ est égal à 108 centimètres. On demande quel est le poids de la masse additionnelle. On sait que l'intensité de la pesanteur dans le lieu où l'on fait l'expérience est de 9,8088. On néglige les influences perturbatrices dues au frottement, au poids du fil et à la mise en mouvement de la poulie.

(Paris, 18 novembre 1858.)

81.

Un ballon de verre primitivement plein d'air sec à 0° et sous la pression 0m.,76 est chauffé à 100°. Il s'échappe 1gr. de gaz et la pression ne change pas. On demande quel était le volume du ballon à 0° et quel poids de gaz il renfermait.

Le poids du litre d'air sec à 0° et sous la pression 0m.,76 égale 1gr.,293. Le coefficient de dilatation cubique du verre est $\frac{1}{38700}$. Le coefficient de dilatation cubique de l'air est 0,00367.

(Paris, 20 novembre 1858.) *Sujet développé.*

82.

Sous le récipient d'une machine pneumatique contenant de l'air sec à 0° et sous la pression 0m.,76, on place un fléau de balance aux extrémités duquel sont suspendus 2 cubes. L'un a 7 centimètres de côté et pèse 26gr.,3240 ; l'autre a 5 centimètres de côté et pèse 26gr.,2597.

Par suite de cette inégalité de poids le fléau n'est pas en équilibre. On fait le vide dans l'appareil, et on demande quelle pression indiquera l'éprouvette de la machine quand l'équilibre sera rétabli. On suppose d'ailleurs que la température de l'air est restée constante et que les deux bras du fléau sont d'égal volume. On sait d'ailleurs que le poids d'un litre d'air sec à 0° et sous la pression 0m.,76 est de 1gr.,293.

(Paris, 22 novembre 1858.)

83.

Quel est le volume que donnera 1 gramme d'eau à 100° sous la pression $0^{m},76$, en admettant qu'à toute température 1 volume de vapeur d'eau renferme 1 volume d'hydrogène et 1/2 volume d'oxygène? On donne la densité de l'oxygène = 1,1056 ; celle de l'hydrogène = 0,069 ; le coefficient de dilatation des gaz = 0,00367, et le poids d'un litre d'air à 0° sous la pression $0^{m},76 = 1^{gr},3$.

(Poitiers, 3 avril 1857.)

84.

Une sphère de platine, dont le rayon à 0° est égal à $0^{m},015$, se trouve chauffée dans un fourneau dont on veut avoir la température. Quand l'équilibre est établi, on enlève la sphère et on la plonge dans un vase renfermant 12 décimètres cubes d'eau à 10°. Le vase est en cuivre et pèse 150 grammes. Après l'immersion, la température est à 20°. On demande la température initiale de la sphère de platine, sachant que la densité du platine à 0° est 22, sa capacité calorifique moyenne entre 0° et les températures élevées est 0,033, la capacité du cuivre pour la chaleur est 0,095.

(Paris, 16 avril 1857.)

85.

Faire connaître les expériences qui prouvent que a lumière blanche est composée d'une série de rayons élémentaires, distincts par leur couleur et leur réfrangibilité.

(Paris, 22 avril 1857.)

86.

On suppose que depuis le niveau du sol jusqu'à 100 mètres de hauteur le poids spécifique de l'air est constant et égal à $\frac{1}{770}$. On demande quelle est, à cette hauteur de 100 mètres, la longueur de la colonne barométrique.

On admet qu'à la surface du sol la pression atmosphérique égale 0,76. Quant à la température, elle égale 0°.

(Paris, 11 juillet 1857.)

87.

Une vessie à parois indéfiniment minces et flexibles renferme 4 litres d'air à 30°, sous la pression de $0^{m.},76$; la pression extérieure ne changeant pas, on descend la vessie à 100 mètres de profondeur dans un lac dont la température est de 4 degrés. On demande ce que deviendra le volume de la masse gazeuse.

(Paris, 18 juillet 1857.)

88.

Une caisse en métal, du poids de $5^{k.},425$, renferme $25^{k.},175$ d'eau à $35^o,25$: on demande combien il faut y dissoudre de glace à 0° pour que la température de cette eau se soit abaissée à $12^o,42$; la chaleur spécifique du métal est $\frac{1}{12}$.

(Paris, 20 juillet 1857.)

89.

Un gaz dont la température est de 37° et dont la force élastique est égale à une atmosphère ou à $0^{m},76$ est renfermé dans un espace entièrement clos. On élève sa température de manière que sa force élastique soit égale à 11 atmosphères. Quelle est cette nouvelle température?

On prendra pour le coefficient de dilatation du gaz 0,00366.

(Toulouse, 23 juillet 1857.)

90.

Donner la description du microscope composé avec la marche de la lumière. Indiquer l'avantage de cet instrument comparé au microscope simple.

(Paris, 27 juillet 1857.)

91.

On fait passer sur de la pierre ponce imbibée d'acide sulfurique 20 litres d'air à 30° sous la pression de 0,76, dont l'état hygrométrique est $\frac{3}{4}$; on demande : 1° quel sera l'accroissement de poids de la pierre ponce; 2° quelle sera la diminution de volume que le gaz aura éprouvée en se desséchant. La température et la pression restent invariables pendant l'opération. La tension maximum de la vapeur d'eau à 30° est égale à 0,0315; on sait de plus que la densité de la vapeur est les $\frac{5}{8}$ de celle de l'air dans les mêmes conditions; enfin le poids spécifique de l'air à 0°, et à la pression de 0,76, est $\frac{1}{773}$.

(Paris, 1er août 1857.)

92.

Théorie géométrique des lentilles convexes et des lentilles concaves. Discussion sur la position et la grandeur des images. Décrire en particulier les effets de la loupe.

(Nancy, 3 août 1857.)

93.

Le poids spécifique de l'hydrogène protocarboné est représenté par 0,559, lorsqu'on prend celui de l'air pour unité.

Ceci posé, on admet qu'à la température de 20° et sous la pression $0^{m},76$, un ballon sphérique complétement plein d'hydrogène protocarboné se trouve en équilibre dans l'air, sans tendre à monter ou à descendre. On sait que l'étoffe dont le ballon est formé pèse 240 grammes par mètre carré et l'on demande quel est le rayon du ballon. On néglige la différence qui existe entre le volume du gaz intérieur et celui de l'air déplacé. Le coefficient de la dilatation des gaz est 0,00367, et l'on sait que le litre d'air à 0°, et sous la pression $0^{m},76$, pèse $1^{gr},293$.

(Paris, 8 décembre 1857.)

94.

Décrire la chambre obscure et expliquer la production des images qu'on y observe, en supposant connues les propriétés des lentilles convergentes.

(Toulouse, 21 décembre 1857.)

95.

Quel est le rapport des poids x et y de deux cylindres de fer et de platine qu'il faudrait attacher ensemble, pour que le système pût se maintenir en équilibre au milieu du mercure ? La densité du platine est 21, celle du mercure 13,6 et celle du fer 7,8.

(Paris, 17 avril 1856.)

96.

On donne deux corps de pompe dont les sections ont l'une pour surface $0^{m. carr.},10$ et l'autre $0^{m. carr.},2$; ces tubes communiquent entre eux par un tube horizontal; l'eau qui est dans l'appareil est supposée en équilibre; on place un piston de 200 kilogrammes sur la surface du grand corps de pompe. On demande quelle pression on doit exercer sur le petit piston pour rétablir l'équilibre.

(Paris, 26 juillet 1856.)

97.

Un vase de laiton pesant 100 grammes contient 200 grammes d'eau et 100 grammes de glace à la même température. On demande combien il faut y faire arriver de vapeur d'eau à 100°, sous la pression de $0^{m.},76$, pour que la glace fonde, et que le mélange atteigne la température de 10°. La capacité du laiton pour la chaleur est 0,0939 ; la chaleur de fusion de la glace est de 79,25; la chaleur latente de la vapeur est 537.

(Paris, 4 août 1856.)

98.

On suppose une presse hydraulique ayant deux corps de pompe, dont le grand a 14 décimètres de diamètre, et le petit, 3 centimètres de diamètre. La course de ce dernier piston est de 2 décimètres. On demande de combien de millimètres le piston s'est élevé dans le grand corps de pompe après 7 coups du petit piston, et quelle est la pression exercée sur un corps par le grand piston, quand on maintient sur la tige du petit piston un poids de 100 kilogrammes.

(Paris, 7 août 1856.)

99.

Tirer la densité d'un gaz des trois données suivantes :

Un ballon vide pèse 837gr.,356 ;

Plein d'air, le vase pèse 848gr.,201 ;

Plein de l'autre gaz, 852gr.,492.

Ces pesées ont été faites à la température de 0° et à la pression de 0m.,76. Quelles seraient les corrections à faire, si la pesée, pour le gaz, avait été faite à 18° et à la pression de 0°,73?

(Paris, 15 décembre 1856.) *Sujet développé.*

100.

Un triangle équilatéral de tôle, à la température de 0°, a 3 mètres de côtés ; on demande quelle en sera la surface quand on l'aura chauffé à 75°. On sait que pour chaque degré d'augmentation de température la dilatation du métal est de 0,0000122 de la longueur mesurée à 0°.

(Paris, 18 décembre 1856.)

101.

On demande combien il faut décomposer de grammes d'eau pour en retirer 500 litres d'hydrogène, mesurés à la température de 0°, sous la pression 0m.,76? La densité de l'hydrogène est 0,069, et un litre d'air à 0° sous 0m.,76 pèse 1gr.,299.

(Poitiers, 20 avril 1855.)

102.

On a un cylindre de platine de 0m.,22 de hauteur et de 0m.,03 de diamètre; il est à moitié plein de mercure, dont la densité est 13,596; on y plonge un cône de fer de 0,01 de diamètre et de 0m.,03 de hauteur. On demande à quelle hauteur ce cône s'enfoncera dans le mercure. On sait que la densité du fer est 7,788.

(Paris, 17 juillet 1855.)

103.

On a deux miroirs, l'un sphérique, l'autre concave, de 1 mètre de rayon. On place une bougie successivement devant l'un et l'autre, à 2 mètres de distance. Décrire les phénomènes que l'on observera.

(Paris, 24 juillet 1855.)

104.

Une sphère creuse en argent pèse, quand elle est vide, 726gr.,03; pleine d'eau à la température de 0°, elle pèse 2521gr.,35; la densité de l'argent est 10,47. On demande quelle est la circonférence d'un grand cercle de cette sphère.

(Paris, 3 août 1855.)

105.

La densité de la vapeur d'eau à 100°, sous la pression de 760 millimètres, étant les $\frac{5}{8}$ de celle de l'air à la même température et à la même pression, on demande le poids de cette vapeur renfermée dans un cylindre de 1m,50 de hauteur et 0m,80 de diamètre.

Poids d'un litre à 0° sous 760 millimètres de pression : 1,95 ; coefficient de dilatation de l'air = 0,00366.

(La Rochelle, 17 août 1855.)

106.

On suppose que dans une certaine masse d'eau qui avait une température de 14° on a fait condenser 25 kilogrammes de vapeur d'eau bouillante à la pression ordinaire de l'atmosphère, et que la température de la masse entière a été élevée à 61°,4. Quelle était cette quantité d'eau? On suppose qu'il n'y a pas eu de chaleur employée à chauffer le vase et qu'il ne s'en est pas perdu pendant l'expérience. On sait d'ailleurs que la chaleur latente de la vapeur est de 540°.

(Paris, 12 décembre 1855.)

107.

Un flacon plein d'air sec sous la pression de 76 centimètres et à la température 0° pèse 740 grammes, plein de chlore 742gr,4, et plein d'eau distillée 2020 grammes, toujours à la même température et sous la même pression. On suppose que la densité de l'air, dans ces mêmes circonstances, est égale à $\frac{1}{769}$

de celle de l'eau. On demande le rapport de la densité du chlore à celle de l'air.

(Poitiers, 21 décembre 1855.)

108.

Un ballon vide pèse 152$^{gr.}$,475; plein d'air, 160$^{gr.}$,158; plein d'un autre gaz, 162$^{gr.}$,235. La pression étant invariable, on demande : 1° la densité de ce gaz rapportée à celle de l'air; 2° quelle correction on aurait dû faire si la pression avait été 0,75 pendant la pesée de l'air, et 1,77 pendant la pesée du gaz.

(Paris, 4 avril 1854.)

109.

On donne un ballon sphérique pesant vide 63$^{gr.}$,62. On demande la force ascensionnelle du ballon, sachant que 0$^{gr.}$,100 déplacent 1 mètre cube d'air, et que le mètre carré de taffetas qui forme le ballon pèse 0$^{gr.}$,20; sachant aussi qu'un kilogramme d'air pèse 1$^{gr.}$,330.

(Paris, 6 avril 1854.)

110.

Une sphère de platine pèse dans l'air 84 grammes; on la pèse dans le mercure et on trouve que son poids n'est plus que de 22$^{gr.}$,6. On demande la densité du platine, la densité du mercure étant 13,6.

(Paris, 18 avril 1854.)

111.

Une machine à vapeur a consommé, en 103 jours de travail, 851 950 kilogrammes de charbon; un perfectionnement apporté à sa construction permet, en obtenant la même force, de ne brûler que 2860 kilogrammes en 37 heures. Trouver l'économie actuelle de charbon due à ce perfectionnement, en supposant 330 jours de travail par an et le prix du charbon de 3 fr. 75 c. les 100 kilogrammes.

(Paris, 1er mai 1854.)

112.

On fait jouer le piston d'une machine pneumatique; la cloche est d'une capacité de $7^{l.},53$; elle est remplie d'air à la pression de $0^{m.},76$. On demande le poids de l'air lorsque la pression est réduite à 0,21, le poids de l'air tiré par le piston, et le poids du volume d'air qui reste dans la cloche si l'on élève la température de 0° à 15°. On sait qu'un litre d'air pèse $1^{gr.},3$, et que le coefficient de dilatation de l'air est 0,00366.

(Paris, 4 mai 1854.) *Sujet développé.*

113.

Deux vases communiquants renferment deux liquides : d'abord de l'eau, qui s'élève dans une branche à la hauteur de $1^{m.},55$; dans l'autre branche se trouve un liquide dont la hauteur est de $3^{m.},17$. Ces deux colonnes liquides se font équilibre et sont à la température de 10°. On demande de trouver la densité du second liquide; on demande, en outre, à quelle hauteur s'élèverait ce liquide si l'on élevait sa température à 25°, en laissant celle de l'eau à 10°. On sait qu'il a pour coefficient de dilatation $\frac{1}{6000}$.

(Paris, 11 mai 1854.)

114.

Un corps perd dans l'air une partie de son poids égale à 5$^{gr.}$,237 (la température étant 0° et la pression 0,76). On admet que la densité de l'air à 0° de température et 0,76 de pression est environ $\frac{1}{770}$ de la densité de l'eau prise pour unité. On sait que le coefficient de dilatation de l'air est 0,00366; on néglige dans cette opération l'influence du corps dont on a déterminé le poids, et on demande : 1° le volume de ce corps ; 2° quelle serait la perte de poids si l'expérience était faite à la température de 15° centigrades et à la pression de 1^{m},25.

(Paris, 13 mai 1854.)

115.

Un vase sphérique de 0$^{m.}$,25 de diamètre est rempli de gaz hydrogène à la température de 35° et à la pression de 0,78. On demande quel sera le poids de ce gaz, et quel en serait le volume si la température tombait à 5° au-dessous de zéro et la pression atmosphérique à 0,74. On prendra pour densité de l'hydrogène 0,069 et pour coefficient de la dilatation de ce gaz 0,00366.

(Paris, 23 mai 1854.)

116.

Une cuve cylindrique à fond plat et horizontal a 1$^{m.}$,30 de diamètre et 0$^{m.}$,75 de hauteur, mesurée à l'intérieur ; elle est à moitié pleine d'eau à la température de 4° et on chauffe ce liquide en y faisant arriver de la vapeur à 100 degrés de température fournie par 5$^{k.}$,25 d'eau. On demande quelle sera la température du bain ainsi chauffé et quel en sera le volume; on négligera la température du vase, et on prendra pour coefficient de la dilatation de l'eau $\frac{1}{3200}$.

(Paris, 26 mai 1854.)

117.

Une lame triangulaire et régulière de cuivre de $0^{m},005$ d'épaisseur, de $1^{m},25$ de côté, a été recouverte d'une couche d'argent de $0^{m},00015$ d'épaisseur. La densité du cuivre est de 8,95 ; celle de l'argent est de 10,47. On demande le poids de la lame ainsi argentée.

(Paris, 17 juillet 1854.)

118.

Dans un vase vide d'une capacité de 2020 on a introduit d'abord un litre d'air sous la pression de 0,76; puis de l'eau en quantité telle qu'il en reste définitivement 20 centimètres cubes à l'état liquide. On demande la pression intérieure, en supposant que la température soit de 30° au moment de l'expérience. On sait qu'à cette température la tension maximum de la vapeur d'eau est de $31^{mm},5$.

(Paris, 27 juillet 1854.)

119.

Une barre de 7 mètres, formée par un métal dont le coefficient de dilatation est $\frac{1}{735}$, se dilate autant qu'une autre barre de 9 mètres d'un autre métal. On demande le coefficient de dilatation de cet autre métal.

(Paris, 31 juillet 1854.)

120.

En quoi consiste le phénomène de l'ébullition et en quoi diffère-t-il de l'évaporation pure et simple? Dans quelles conditions un liquide entre-t-il en ébullition? Comment pourrait-on mesurer la pression barométrique à l'aide du thermomètre? Qu'est-ce que la chaleur latente de vaporisation et comment pourrait-on la déterminer?

(Aix, 2 août 1854.)

121.

On mêle 7 kilogrammes de glace à 0° avec 30 kilogrammes d'eau à 47°. Quelle sera la température du mélange?

(Paris, 4 août 1854.)

122.

Un corps perd de son poids dans l'air 7 grammes. Combien perdrait-il dans l'acide carbonique et dans l'hydrogène? On sait que la densité de l'acide carbonique est de 1,529, et celle de l'hydrogène de 0,069.

(Paris, 7 août 1854.)

123.

Combien pèse à 0° et à 76 centimètres de pression l'hydrogène contenu dans un ballon sphérique dont la surface a 10 mètres carrés? On sait que la pesanteur spécifique de l'hydrogène, rapportée à celle de l'air, est de 0,0692, et que celle de l'air lui-même, rapportée à l'eau, est de $\frac{1}{770}$. Combien pèserait ce volume d'hydrogène s'il était mesuré à la température de 15° et à la pression 0,77 ? On suppose connu des candidats le coefficient de dilatation des gaz.

(Paris, 11 août 1854.)

124.

Une certaine quantité d'air sec pèse 5gr.,2, à la température de 0° et sous la pression de 0m.,76. On la chauffe à 30°, sous la pression de 0m.,77, en lui permettant de se saturer de vapeur d'eau, et on demande quel sera le volume qu'elle occupera alors. La tension maximum de la vapeur à 30° est de 0,0315. On prendra 1gr.,3 pour poids du litre d'air sec à la température de 0°, et sous la pression de 0m.,76.

(Paris, 14 août 1854.) *Sujet développé.*

125.

Le poids de l'atmosphère fait monter le mercure dans le baromètre à 0,76 à la température 0°. On demande : 1° à quelle hauteur s'élèverait le mercure si la température était de 25°, le coefficient de dilatation du mercure étant $\frac{1}{5500}$; 2° à quelle hauteur s'élèverait l'alcool dont la densité est 0,79. On sait que la densité du mercure est 13,6.

(Paris, 16 août 1854.)

126.

Le poids spécifique du mercure étant 13,59 à 0°, on demande quel est à 100° le volume de 40 kilogrammes du même métal.

(Paris, 18 août 1854.) *Sujet développé.*

127.

La chaleur latente de la vapeur d'eau étant supposée égale à 536, on demande à quelle température on élèvera 20 litres d'eau à 40°, en y conduisant 1 kilogramme de vapeur à 100° sous la pression $P = 0,76$.

(Paris, 21 août 1854.)

128.

Étant donné un corps A pesant dans l'air 7gr.,55, dans l'eau 5gr.,17, et dans un autre liquide B, 6gr.,86 ; de ces données, tirer la densité du corps A et celle du liquide B.

(Paris, 24 août 1854.) *Sujet développé.*

129.

Un ballon renferme 8gr.,548 d'air; on le remplit de protoxyde d'azote dont la densité est 1,52, celle de l'air étant l'unité. On demande quel sera le poids de ce gaz : 1° si la pression est la même dans les deux cas; 2° si la pression de l'air est de 0,76, et celle du protoxyde d'azote 0,78. On suppose que la température ne varie pas.

(Paris, 2 décembre 1854.)

130.

Un vase métallique renferme 32k.,50 d'eau à 14°,5; la chaleur spécifique du métal est de 0,12, celle de l'eau étant l'unité; on met dans l'eau de ce vase 8k.,25 d'un autre métal à 60°,5 ; la température est 14°,6. On demande la chaleur spécifique de ce dernier métal.

(Paris, 6 décembre 1854.)

131.

Quel est le poids de 12 litres d'air à 30° sous la pression de 0m.,80 de mercure, sachant que 1 litre d'air à 0° sous la pression de 0m.,76 pèse 1gr.,3 ?

(Paris, 16 décembre 1854.)

132.

Combien faut-il de kilogrammes de glace à 0° pour liquéfier et ramener à 0° vingt-cinq kilogrammes de vapeur dégagée dans un appareil où le thermomètre marque 100° et le baromètre 0m.,67 ?

(Paris, 22 décembre 1854.)

133.

Chercher combien il faut de kilogrammes de vapeur d'eau pour porter un bain de 246 kilogrammes d'eau de 13° à 28° centigrades, sachant que la chaleur latente de la vapeur d'eau est de 540°.

(Paris, 13 juillet 1853.) *Sujet développé.*

134.

On a un carré de tôle de 2 mètres de côté à 0°; on porte la température à 64°. Calculer ce que deviendra sa surface, en sachant que le coefficient de dilatation du fer est 0,0000122.

(Paris, 15 juillet 1853.) *Sujet développé.*

135.

Le poids de l'air atmosphérique étant $\frac{1}{770}$ du poids de l'eau, déterminer le poids de l'air contenu dans un cylindre dont la circonférence de la base est 0m.,3 et la hauteur 0m.,8.

(Paris, 19 juillet 1853.) *Sujet développé.*

136.

Quel effort exigerait, pour être soutenu dans du mercure à 0°, un décimètre cube de platine, la densité du mercure étant supposée égale à 13,6 et celle du platine à 21,5?

(Paris, 20 juillet 1853.) *Sujet développé.*

137.

Pour exploiter une mine de sel gemme, on a percé dans un terrain salifère un trou de sonde dans lequel on a introduit un tuyau de 100 mètres de long, qui ne remplit pas exactement l'ouverture et qui dépasse le sol de 1 mètre; il plonge de 0m.,75 dans une dissolution saline dont la densité est 1,3 : on verse de l'eau douce dans l'intervalle qui sépare le tuyau des parois du trou de sonde. On demande à quelle hauteur la dissolution s'élèvera dans le tuyau.

(Paris, 21 juillet 1853.) *Sujet développé.*

138.

Calculer le poids du mercure, à la température de 26° centigrades, que contiendrait un vase conique dont la hauteur serait de 0m.,87 et dont la base aurait

$0^{m.},23$ de rayon. On sait que la densité du mercure, à la température de 0°, est de 13,596, la densité de l'eau à 4° étant prise pour unité et le coefficient de dilatation cubique du mercure étant 0,00018.

(Paris, 23 juillet 1853.) *Sujet développé.*

139.

Combien faudrait-il de kilogrammes de glace à zéro pour amener à 10 degrés centigrades l'eau contenue dans un bassin à bord circulaire et à fond horizontal dont la circonférence supérieure serait de $8^{m.},30$, la circonférence inférieure de $6^{m.},15$ et la hauteur de $1^{m.},76$, ce bassin étant rempli d'eau à moitié de sa hauteur et la température de l'eau du bassin étant de 30°.

(Paris, 26 juillet 1853.) *Sujet développé.*

140.

La capacité de l'or pour la chaleur est 0,0298, celle de l'eau étant prise pour unité. On demande combien il faudra de ce métal à 45° pour élever de 12°,3 à 15°,7 la température de $1^{k.},00058$ d'eau.

(Paris, 9 août 1853.) *Sujet développé.*

141.

Un ballon sphérique de $0^{m.},14$ de rayon est rempli de mercure à la température de 70°. On verse ce mercure dans de l'eau à 4°, qui remplit à moitié un vase cylindrique de $0^{m.},40$ de hauteur et de $0^{m.},20$ de rayon. On sait que la densité du mercure est de 13,59, son coefficient de dilatation 0,00018024, et sa capacité pour la chaleur 0,033. On demande quelle sera la température du mélange, en supposant nulle la température des parois du vase.

(Paris, 12 août 1853.) *Sujet développé.*

142.

Un parallélipipède de glace dont les dimensions sont $10^{m.},50$, $15^{m.},75$ et $20^{m.},45$ plonge dans de l'eau de mer; la densité de la glace est 0,930, et celle de l'eau de mer est 1,026. On demande quelle sera la hauteur au-dessus de celle de l'eau de mer.

(Paris, 18 août 1853.) *Sujet développé.*

143.

On a une sphère de platine de $0^{m.},05$ de rayon à 95°; on la plonge dans deux litres d'eau à 40°. On demande la température de l'eau lorsque l'équilibre s'est établi. La capacité calorifique du platine est 0,0324 ; son coefficient de dilatation est 0,000008842 et sa densité 22,07.

(Paris, 23 août 1853.) *Sujet développé.*

144.

Un vase sphérique de rayon intérieur égal à $\frac{2}{3}$ de mètre est formé d'une matière dont le coefficient de dilatation linéaire égale $\frac{1}{2500}$. On demande combien de kilogrammes de mercure renferme ce vase : 1° à 0 degré ; 2° à 25 degrés.

(Paris, 6 décembre 1853.) *Sujet développé.*

145.

Trouver combien il faut de kilogrammes de vapeur d'eau pour élever 20 kilogrammes d'eau de 0° à 90°.

(Paris, 8 décembre 1853.) *Sujet développé.*

146.

On fait avec de l'or dont la densité est 19,362 des feuilles qui ont un dix-millième de millimètre. Quelle surface pourrait-on recouvrir avec 10 grammes d'or?

(Paris, 11 décembre 1853.) *Sujet développé.*

147.

Un ballon pèse 254gr.,735 lorsqu'il est vide, et 5422gr.,788 lorsqu'il est plein d'air à la température de 4°. On sait que le poids de l'air est à celui de l'eau comme 129 est à 100000. On demande la capacité du ballon.

(Paris, 15 décembre 1853.) *Sujet développé.*

148.

On plonge dans un bain de 20 litres d'eau à 80° une sphère en glace de 144 millimètres de rayon. Calculer la température du bain après la fusion de la glace, la chaleur latente étant 79,25.

(Paris, 16 décembre 1853.) *Sujet développé.*

149.

Étant donnée une sphère de cuivre de $0^{m.},18$ de rayon, creuse et contenant une sphère de platine de $0^{m.},05$ de rayon, de telle sorte qu'il n'y ait aucun vide entre les deux sphères ; la densité étant pour le platine 21,53 et pour le cuivre 8,85, calculer le poids de la masse ainsi formée.

(Paris, 19 décembre 1853.) *Sujet développé.*

150.

La hauteur d'un cylindre égale 369 millimètres, le diamètre de la base égale 246 millimètres. On demande le poids de l'alcool contenu dans le cylindre. La densité est 0,863.

(Paris, 23 décembre 1858.)

SUJETS DÉVELOPPÉS.

11.

Une lampe et une bougie sont distantes l'une de l'autre de $4^{m.},15$ et on sait que les intensités des deux lumières sont entre elles comme 6 est à 1. A quelle distance de la lampe, sur la ligne droite qui joint les deux lumières, doit-on placer un écran pour qu'il soit également éclairé par l'une et par l'autre?

Soit $x^{m.}$ la distance à laquelle on doit placer l'écran de la lampe, la distance de l'écran à la bougie sera alors $4^{m.},15 - x$: mais l'intensité de la lampe étant 6 à l'unité de distance, son intensité à la distance x sera, d'après la loi connue, $\frac{6}{x^2}$, et celle de la bougie à la distance $4,15 - x$ sera

$$\frac{1}{(4,15-x)^2}.$$

Ces intensités devant être égales, on aura

$$\frac{6}{x^2} = \frac{1}{(4,15-x^2)};$$

d'où

$$\frac{4,15-x}{x} = \pm\sqrt{\frac{1}{6}} = \pm\ 0,408.$$

On en déduit

$$x' = 2^{m.},94,$$
$$x'' = 7^{m.},01.$$

La valeur x' donne le point situé entre les deux lumières; la valeur x'' donne celui qui est situé au delà de la bougie et toujours sur la droite qui joint les deux lumières.

62.

Un litre d'un certain gaz pèse 1gr.,562 à la température 0° et sous la pression 0m.,76. On porte la température à 25°, la pression devenant 0m.,78; on pèse un litre de ce gaz dans ces conditions. On demande le poids qu'on doit trouver.

Cherchons le volume V du gaz à 25° et à 0m.,78 de pression. A 0°, et sous 0m.,76 de pression, le volume étant 1 litre, ce volume, d'après la formule

$$V' = V(1 + kt),$$

sera à 25°, k étant pris égal à 0,00366,

$$V' = (1 + 0{,}00366 \times 25).$$

Pour passer de 0,76 à 0,78 de pression il faudra, d'après la loi de Mariotte, multiplier V′ par le rapport $\frac{76}{78}$; il viendra alors

$$V'' = \frac{76}{78}(1 + 0{,}00366 \times 25) = \frac{38}{39} \times 1{,}09150 = 1{,}063.$$

Ce volume V″ pèse toujours 1gr.,562.

Mais le poids d'un litre d'un certain gaz à t^o et sous la pression p n'est autre chose que la densité de ce gaz à t^o et sous la pression p; nous aurions donc, d'après la formule

$$P = VD,$$

pour le poids x du litre cherché,

$$x = \frac{1{,}562}{1{,}063} = 1^{gr.},46.$$

67.

On laisse tomber une pierre dans un puits. On demande de calculer la profondeur de ce puits, sachant qu'il s'est écoulé $0^s,56$ entre l'instant où la pierre a commencé à se mouvoir et celui où l'on a entendu le son.

Soit x la profondeur du puits, comptée de l'orifice à la surface de l'eau, θ le temps observé et v la vitesse du son dans l'air. Le mouvement de la pierre étant uniformément accéléré, nous avons, pour exprimer en secondes le temps t de la chute,

$$t = \sqrt{\frac{2x}{g}},$$

tiré de la formule

$$x = \frac{1}{2}gt^2.$$

D'un autre côté, le son parcourant v mètres par seconde, mettra $\frac{x}{v}$ secondes pour parcourir l'espace x; et comme le temps observé θ se compose du temps que le bruit de la chute de la pierre a mis à être perçu et de celui qu'elle a mis à tomber, nous aurons

$$\sqrt{\frac{2x}{g}} + \frac{x}{v} = \theta, \qquad (1)$$

d'où

$$\sqrt{\frac{2x}{g}} = \theta - \frac{x}{v};$$

élevant au carré, chassant les dénominateurs et ordonnant par rapport à x, il vient

$$\frac{2x}{g} = \theta^2 - \frac{2\theta x}{v} + \frac{x^2}{v^2},$$

$$gx^2 - 2v(g\theta + v)x + \theta^2 v^2 g = 0,$$

équation ramenée à la forme

$$ax^2 + bx + c = 0;$$

d'où l'on tire

$$x = \frac{v\left(g\theta + v \pm \sqrt{v^2 + 2vg\theta}\right)}{g}.$$

Remplaçant v par 337, g par 9,81 et θ par 0,56, il vient

$$x = \frac{337\left(9{,}81 \times 0{,}56 + 337 \pm \sqrt{337^2 + 2 \times 337 \times 9{,}81 \times 0{,}56}\right)}{9{,}81},$$

d'où

$$x' = 23529^{\text{m}},31,$$
$$x'' = 1^{\text{m}},51.$$

On néglige la valeur x'; car le son ne parcourant que 337 mètres par seconde, elle représente une profondeur plus grande que ne parcourrait le son en 0",56.

Remarque. L'équation (1) aurait pu se résoudre plus élégamment en regardant x comme le carré de l'inconnue. On aurait eu

$$\sqrt{x} = \frac{-v\sqrt{2} + \sqrt{2v^2 + 4v\theta g}}{2\sqrt{g}},$$

en rejetant la valeur négative.

74.

Un manomètre est divisé en 110 parties d'égale capacité. Quand la pression extérieure est $0^{\text{m}},76$ le mercure se tient au 0 de l'échelle dans l'intérieur de l'éprouvette et dans le bain. On porte ce manomètre dans une machine où l'on comprime l'air, et l'on voit le mercure s'élever jusqu'à la 80e division. Enfin on mesure la hauteur du mercure dans le tube, et on la trouve de $0^{\text{m}},45$. On demande la pression dans la machine.

Soit n le zéro de l'échelle dans l'éprouvette. Au commencement de l'expérience, le mercure se tient en nn' et la pression atmosphérique est $0^{\text{m}},76$; nA contenant 110 divisions et le mercure montant à la 80ᵉ division en p, il s'ensuit que l'espace Ap ne contient que 30 divisions.

Cherchons la pression P en p. D'après la loi de Mariotte, nous aurons

$$\frac{0,76}{P} = \frac{30}{110},$$

d'où

$$P = 2^{m.},786.$$

La hauteur du mercure étant alors de $0^{m.},45$, la pression dans la machine sera exprimée par une colonne égale à

$$2^{m.},786 + 0^{m.},45,$$

ou

$$3^{m.},236.$$

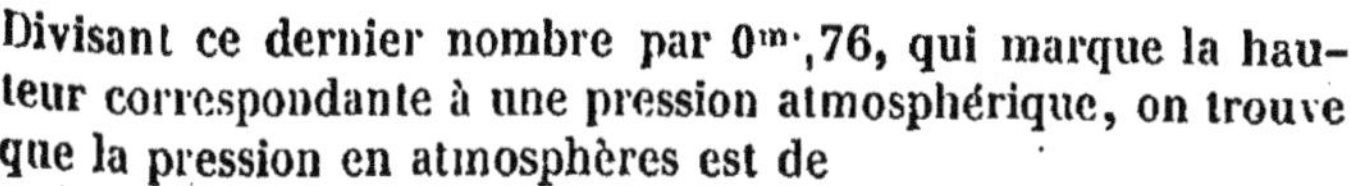

Divisant ce dernier nombre par $0^{m.},76$, qui marque la hauteur correspondante à une pression atmosphérique, on trouve que la pression en atmosphères est de

$$\frac{3,236}{0,76} = 4,25,$$

c'est-à-dire de 4 atmosphères $\frac{1}{4}$.

77.

On demande à quelle température il faut élever $7^{lit.},25$ d'air pris à 0° pour que le volume de ce gaz soit triple, sachant que le coefficient de dilatation cubique de l'air est 0,00367.

Soit x la température cherchée, la formule connue

$$V' = V\,(1 + kt),$$

dans laquelle

$$V' = 3V.$$

V étant le volume du gaz à 0°, k le coefficient de dilatation, donne

$$3 \times 7,25 = 7,25\,(1 + 0,00367 \times x),$$

d'où

$$3 = 1 + 0,00367 \times x,$$

et par suite

$$x = \frac{200000}{367} = 544^{\circ},9.$$

78.

Une couronne pesant 300 grammes est formée d'or ou d'argent, ou bien d'un alliage de ces deux métaux ; on la pèse dans l'eau et on trouve qu'elle a perdu 20 grammes de son poids. On demande quelle est la composition de la couronne, sachant que la densité de l'or est 19,5 et celle de l'argent 10,5.

La densité de l'or étant 19,5 et celle de l'argent 10,5, la perte de poids de l'or et de l'argent dans l'eau est $\frac{1}{19,5}$ et $\frac{1}{10,5}$ de leur poids dans l'air. Désignons ces poids par x, y, nous aurons, d'après l'énoncé,

$$\frac{x}{19,5} + \frac{y}{10,5} = 20 ; \qquad (1)$$

d'un autre côté, on a évidemment

$$x + y = 300. \qquad (2)$$

Tirons la valeur de x de l'équation (2) et reportons-la dans (1), il vient, après avoir chassé les dénominateurs,

$$(300 - y)\,10,5 + 19,5 \times y = 20 \times 19,5 \times 10,5.$$

Effectuant et ordonnant par rapport à y, l'on a

$$9y = 945,$$

d'où

$$y = 105^{gr.},$$

et par suite

$$x = 300 - 105 = 195^{gr.}.$$

79.

Il s'est déclaré à fond de cale d'un navire une voie d'eau de forme circulaire et d'un rayon de $0^{m.},1$. La hauteur verticale de l'eau depuis son niveau à l'extérieur jusqu'au centre de l'ouverture est de $3^{m.},03$. L'eau de mer a une densité de 0,97. On demande, à un hectogramme près, le poids qu'il faudrait maintenir sur le tampon qui bouche cette voie pour empêcher l'eau d'entrer.

La force de la voie d'eau est représentée par un cylindre d'eau de mer ayant pour base un cercle de 1 décimètre de rayon, et pour hauteur $30^{décim.},3$. Le volume de ce cylindre est égal à

$$\pi R^2 H = \pi \times 30,3 = 95,2.$$

Son poids sera donné par la formule

$$P = VD.$$

On trouve, en remplaçant V et D par leurs valeurs,

$$P = 95,2 \times 0,97 = 92^{kil.},344.$$

La pression à exercer sur le tampon est donc représentée par

$$92^{kil.},4^{hectogr.},$$

à un hectogramme près.

81.

Un ballon de verre, primitivement plein d'air sec à 0° et sous la pression $0^{m.},76$, est chauffé à 100°. Il s'échappe 1 gramme de gaz et la pression ne change pas. On demande quel était le volume du ballon à 0° et quel poids de gaz il renfermait.

Le poids du litre d'air sec à 0° et sous la pression $0^{m.},76$ est égal à $1^{gr.},293$. Le coefficient de dilatation cubique du verre est $\frac{1}{38700}$. Le coefficient de dilatation cubique de l'air est 0,00367.

Le poids de l'air qui s'est échappé est évidemment égal à celui que le ballon contenait à 0°, moins celui qu'il contient à 100°. Soit V le volume du ballon à 0°, ce volume à 100° sera

$$V\left(1+\frac{1}{38700}\times 100\right); \qquad (1)$$

d'un autre côté, le volume du gramme d'air à 100 est

$$1+100\times 0{,}00367,$$

et son poids sera, d'après la formule connue,

$$\frac{1{,}293}{1+0{,}00367\times 100}; \qquad (2)$$

donc le poids de l'air contenu dans le ballon à 100° sera donné en multipliant (1) par (2). Nous aurons alors, pour exprimer le poids de l'air à 100°,

$$V\left(1+\frac{1}{38700}\times 100\right)\times\frac{1{,}293}{1+0{,}00367\times 100}$$

$$=V\times\frac{388}{387}\times\frac{1293}{1367}=V\times 0{,}947.$$

D'un autre côté, le poids de l'air à 0° sera évidemment

$$V\times 1{,}293;$$

nous aurons donc

$$1^{\text{gr.}}=V\,(1{,}293-0{,}947),$$

d'où

$$V=2^{\text{lit.}},9.$$

Le poids du gaz à 0° sera ainsi

$$2{,}9\times 1{,}293,$$

ou

$$3^{\text{gr.}},749.$$

99.

Tirer la densité d'un gaz des trois données suivantes :

Un ballon vide pèse 837gr.,356;
Plein d'air, le vase pèse 848gr.,201;
Plein de l'autre gaz 852gr.,492.

Ces pesées ont été faites à la température de zéro et à la pression de 0m.,76. Quelles seraient les corrections à faire si la pesée pour le gaz avait été faite à 18° et à 0m.,73 de pression?

La densité d'un gaz étant le rapport du poids d'un certain volume de ce gaz à celui d'un même volume d'air, ces deux corps étant tous deux à 0° et à 0m.,76 de pression, nous aurons pour le poids du gaz donné :

$$852^{gr.},492 - 837,356 = 15^{gr.},136;$$

pour celui de l'air :

$$848^{gr.},201 - 837,356 = 10^{gr.},845,$$

et, par suite, pour la densité cherchée,

$$\frac{15,136}{10,845} = 1,3956.$$

Si la pesée pour le gaz avait été faite à 18° et à 0m.,73 de pression, il faudrait ramener le poids à 0° et à 0m.,76 de pression.

Le poids du gaz étant 15gr.,136 à 0m.,73, à la pression 0,76 il serait

$$\frac{15,136}{0,73} \times 0,76,$$

car le poids d'un volume donné de gaz est proportionnel à la pression qu'il supporte.

Pour ramener ce poids à 0° il faudrait connaître le coefficient de dilatation du gaz. Soient K le coefficient, P le poids à 18° et à 0m.,76, P' le poids à 0°, on a

$$P = P'(1 + K \times 18),$$

d'où

$$P' = \frac{P}{1 + K \times 18} = \frac{15,136 \, . \, 76}{73 \, . \, (1 + K \times 18)}.$$

112.

On fait jouer le piston d'une machine pneumatique; la cloche est d'une capacité de 7l.,53; elle est remplie d'air à la pression de 0m.,76. On demande le poids de l'air lorsque la pression est réduite à 0,21, le poids de l'air tiré par le piston, et le poids du volume d'air qui reste dans la cloche si l'on élève la température de 0° à 15°. On sait qu'un litre d'air pèse 1gr.,3, et que le coefficient de dilatation de l'air est 0,00366.

1° Un litre d'air pesant 1g.,3, la cloche pleine d'air, sous la pression de 0m.,76, pèsera

$$7,53 \times 1^{g.},3 \text{ ou } 9^{g.},789;$$

mais la pression de l'air sous la cloche n'étant plus que 0,21, et les poids étant en raison directe des pressions, on aura pour le poids cherché

$$\frac{9,789}{x} = \frac{0,76}{0,21},$$

d'où

$$x = \frac{9,789 \times 21}{76},$$

$$x = 2^{g.},705.$$

Le poids de l'air demandé sera évidemment égal au poids primitif diminué du poids de l'air retiré. On aura donc pour ce poids

$$9,789 - 2,705 = 7^{g.},084.$$

2° Pour avoir le poids de l'air quand la température est de

15°, cherchons la densité de 1 litre d'air à cette température et sous la pression $0^{m.},21$.

La formule

$$\frac{V}{V'} = \frac{d'}{d}$$

donne

$$\frac{V}{V(1+Kt)} = \frac{d'}{d},$$

d'où

$$d' = \frac{d}{1+Kt} = \frac{1}{1+0{,}00366 \times 15},$$

et

$$d' = \frac{1}{1{,}05490} = \frac{10000}{10549} = 0{,}947.$$

Cette densité est celle que l'air aurait à 15° et à $0^{m.},76$ de pression ; à $0^{m.},21$ la densité x serait donnée par la proportion

$$\frac{x}{0{,}947} = \frac{0{,}21}{0{,}76},$$

d'où

$$x = \frac{21 \times 0{,}947}{76} = 0{,}261.$$

Le poids de 1 litre d'air sera donc alors, d'après la formule $P = VD$,

$$1^{g.},3 \times 0{,}261,$$

et les $7^{lit.},084$ qui restent sous la cloche pèseront

$$1^{g.},3 \times 0{,}261 \times 7{,}084 = 2{,}4036012.$$

Le poids cherché est ainsi de $2^{g.},404$.

124.

Une certaine quantité d'air sec pèse 5gr.,2 à la température de 0° et sous la pression de 0m.,76. On la chauffe à 30° sous la pression de 0m.,77 en lui permettant de se saturer de vapeur d'eau, et on demande quel sera le volume qu'elle occupera alors. La tension maximum de la vapeur à 30° est de 0,0315. On prendra 1gr.,3 pour poids du litre d'air sec à la température de 0° et sous la pression de 0m.,76.

Supposons la pression constante et cherchons à 30° le volume de la quantité d'air donnée. Le volume à 0° sera évidemment exprimé par le quotient

$$\frac{5,2}{1,3} = 4^{\text{lit.}},$$

puisque 1gr.,3 représente le poids d'un litre. Mais la formule

$$V' = V(1 + kt)$$

donne pour le volume V′ à 30°, 0,00366 étant le coefficient de dilatation de l'air,

$$V' = 4(1 + 0,00366 \times 30).$$

Pour avoir V′ à la pression 0m.,77, il suffira, d'après la loi de Mariotte, de multiplier V′ par $\frac{0^{m.},76}{0^{m.},77}$, rapport inverse des pressions, et l'on aura

$$V' = 4(1 + 0,00366 \times 30)\frac{76}{77}.$$

Mais d'après la deuxième loi de Dalton, 0m.,0315 représentant la force élastique de la vapeur, 0m.,77 celle du mélange, il s'ensuit que 0m.,77 — 0m.,0315 ou 77 — 3,15 représentera seulement la pression de l'air, et les volumes étant en raison inverse des pressions, en multipliant V′ par $\frac{77}{77-3,15}$, on aura pour expression du volume cherché X

$$X=\frac{4\,(1+0,00366\times 30)\times 76}{77-3,15}=\frac{4\times 1,10980\times 76}{73,85};$$

d'où

$$X=4^{\text{lit.}},54.$$

126.

Le poids spécifique du mercure étant 13,59 à 0°, on demande quel est, à 100°, le volume de 40 kilogrammes du même métal.

La formule $P=VD$ donne

$$V=\frac{P}{D}=\frac{40}{13,59}=2^{\text{lit.}},94 \text{ à } 0^{\circ}.$$

Pour avoir le volume à 100°, on se servira de la relation connue :

$$V'=V\,(1+kt),$$

k étant égal à $\frac{1}{5550}$. Remplaçant V, k, t, par leurs valeurs, il vient

$$V'=2,94\left(1+\frac{1}{5550}\times 100\right)=2^{\text{lit.}},99.$$

128.

Étant donné un corps A pesant dans l'air $7^{\text{g.}},55$, dans l'eau $5^{\text{g.}},17$, et dans un autre liquide B, $6^{\text{g.}},35$; de ces données, tirer la densité du corps A et celle du liquide B.

La perte de poids subie par le corps A dans l'eau est de

$$7^{\text{g.}},55-5^{\text{g.}},17 \text{ ou de } 2^{\text{g.}},38.$$

On a ainsi le poids de l'eau déplacée. Par suite, la densité du corps sera, d'après la définition,

$$\frac{7,55}{2,38} = 3,173.$$

Pour avoir la densité du liquide B, cherchons le poids du liquide déplacé par A. Ce poids est, d'après l'énoncé,

$$7^{g.},55 - 6^{g.},35 = 1^{g.},20.$$

La densité du liquide B sera donc .

$$\frac{1,20}{2,38} = 0,504.$$

133.

Chercher combien il faut de kilogrammes de vapeur d'eau pour porter un bain de 246 kilogrammes d'eau de 13° à 28° centigrades, sachant que la chaleur latente de la vapeur d'eau est de 540°.

Soit x le nombre de kilogrammes de vapeur d'eau condensée; $x \times 540$ sera la quantité de chaleur abandonnée par cette vapeur d'eau dans sa condensation. Ces x kilogrammes devant passer de 100° à 28° abandonneront en outre une quantité de chaleur exprimée par $x(100 - 28)$.

D'un autre côté, les 246 kilogrammes d'eau doivent passer de 13° à 28°; donc ils doivent absorber une quantité de chaleur marquée par $246(28 - 13)$.

Et comme la quantité de chaleur absorbée par l'eau du bain est égale à celle qui est abandonnée par la condensation de la vapeur d'eau, on aura l'équation

$$540x + x(100 - 28) = 246(28 - 13),$$

d'où

$$(540 + 72)x = 246 \times 15,$$

$$612x = 3690, \quad x = \frac{410}{68} = \frac{205}{34},$$

$$x = 6^{k.},03.$$

134.

On a un carré de tôle de 3 mètres de côté à 0°; on porte la température à 64°. Calculer ce que deviendra sa surface, en sachant que le coefficient de dilatation du fer est 0,0000122.

Soit a le côté du carré donné. Représentons par a' ce que devient ce côté lorsqu'il passe de zéro à 64°. On aura, pour trouver a', la formule

$$a' = a(1 + Kt),$$

d'où

$$a' = a(1 + 0{,}0000122 \times 64) = 3^{m},0023424.$$

La surface dont a' est le côté étant a'^2, on aura

$$a'^2 = (3{,}0023424)^2 = 9^{m.\ carr.},1^{déc.\ carr.},41^{c.\ carr.}.$$

135.

Le poids de l'air atmosphérique étant $\frac{1}{770}$ du poids de l'eau, déterminer le poids de l'air contenu dans un cylindre dont la circonférence de la base est $0^{m.},3$ et la hauteur $0^{m.},8$.

Le volume d'un cylindre étant égal au produit de sa base par sa hauteur, cherchons le rayon R de la base.

La circonférence de la base étant égale à $0^{m.},3$, on aura

$$2\pi R = 0^{m.},3,$$

d'où

$$R = \frac{3^{déc.}}{2 \times 3{,}1416} = \frac{30000}{2 \times 31416} = 0^{déc.},477.$$

Le volume V du cylindre sera donc

$$V = \pi R^2 H \quad \text{ou} \quad \pi \times (0^{déc.},477)^2 \times 8^{déc.},$$

d'où

$$\begin{array}{ll} \log \pi & = 0,4971499 \\ 2 \log 0,477 & = \bar{1},3570378 \\ \log 8 & = 0,9030900 \\ \hline \log V & = 0,7572777 \\ V & = 5^{\text{déc. cub}},718, \end{array}$$

puisque la hauteur et le rayon étaient exprimés en décimètres.

Si le cylindre était plein d'eau, le poids serait

$$5^{\text{k.}},718,$$

et puisque le poids de l'air est la 770e partie du poids de l'eau, le poids cherché sera

$$\frac{5,718}{770} = \frac{5718}{770000} = \frac{2859}{385000},$$

ou

$$7^{\text{g.}},426.$$

136.

Quel effort exigerait, pour être soutenu dans du mercure à 0°, un décimètre cube de platine, la densité du mercure étant supposée égale à 13,6, et celle du platine à 21,5 ?

L'effort cherché sera évidemment égal au poids du décimètre cube de platine, diminué de celui d'un décimètre cube de mercure; mais la formule $P = VD$ donne

$$P = 1^{\text{déc. cub.}} \times 21,5 = 21^{\text{k.}},5 \text{ pour le platine;}$$
$$P' = 1^{\text{déc. cub.}} \times 13,6 = 13^{\text{k.}},6 \text{ pour le mercure;}$$

car les volumes étant exprimés en décimètres cubes, les poids le seront en kilogrammes.

La perte de poids du platine sera donc, d'après le principe d'Archimède,

$$21,5 - 13,6 = 7,9.$$

Donc il faudrait un effort de $7^{\text{k.}},9$ pour soutenir le platine en suspension dans du mercure à 0°.

137.

Pour exploiter une mine de sel gemme, on a percé dans un terrain salifère un trou de sonde dans lequel on a introduit un tuyau de 100 mètres de long, qui ne remplit pas exactement l'ouverture et qui dépasse le sol de 1 mètre; il plonge de $0^{m.},75$ dans une dissolution saline dont la densité est 1,3; on verse de l'eau douce dans l'intervalle qui sépare le tuyau des parois du trou de sonde. On demande à quelle hauteur la dissolution s'élèvera dans le tuyau.

Soit ABCD le trou de sonde, *ad* le tuyau. D'après l'énoncé, on aura $ab = 1^{m.}$ et $cd = 0^{m.},75$. Puisque $ad = 100^{m.}$, on aura $bc = 100 - 1,75 = 98^{m.},25$.

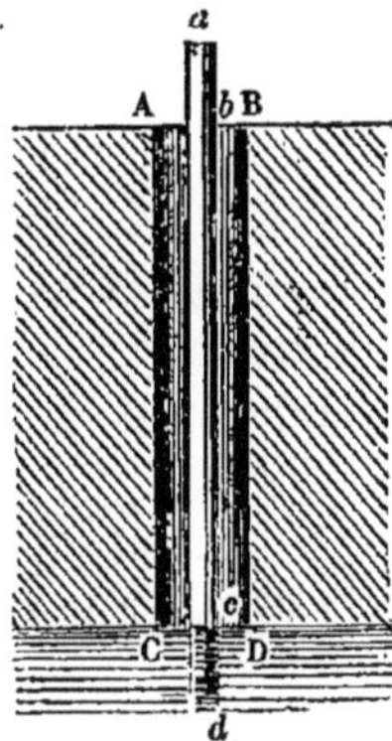

Soit CD la surface de niveau de la dissolution saline dans la mine. Si dans l'intervalle ACBD on verse de l'eau douce, cette eau pèsera sur la surface CD et forcera la dissolution à monter dans le tube *ad*.

Or les compartiments AC et *ac* peuvent être considérés comme formant deux vases communiquants, et l'on sait que dans ces vases les hauteurs sont en raison inverse des densités. On aura donc

$$\frac{x}{AC} = \frac{1}{1,3},$$

en désignant par x la hauteur de la dissolution dans ce tuyau. Or

$$AC = bc = 98^{m.},25;$$

donc

$$x = \frac{98,25}{1,30} = 75^{m.},58.$$

138.

Calculer le poids du mercure, à la température de 26° centigrades, que contiendrait un vase conique dont la hauteur serait de 0m.,87, et dont la base aurait 0m.,23 de rayon. On sait que la densité du mercure, à la température de 0°, est de 13,596, la densité de l'eau à 4° étant prise pour unité et le coefficient de dilatation cubique du mercure étant 0,00018.

La formule $P = VD$ nous montre qu'il faut d'abord calculer V, volume d'un cône, puis D, la densité du mercure à 26 degrés.

Or,

$$V = \frac{1}{3}\pi R^2 H = \frac{1}{3}\pi (2,3)^2 \times 8,7,$$

en réduisant en décimètres, afin d'avoir le poids en kilogrammes.

Effectuant les calculs, il vient

$$V = 1,047 \times 5,29 \times 8,7 = 48^{\text{déc. cub.}},186.$$

La densité D à 26° nous sera donnée par la formule

$$D = \frac{D'}{1 + Kt}.$$

D′ désignant la densité à zéro, K étant égal à 0,00018 et t à 26°, remplaçons et effectuons, il vient

$$D = \frac{13,596}{1 + 0,00018 \times 26} = \frac{1359600}{100000 + 18 \times 26} = \frac{1359600}{100468}.$$

Effectuant la division, l'on a

$$D = 13,533.$$

Le poids cherché sera donc, en kilogrammes,

$$48,186 \times 13,533 \quad \text{ou} \quad 652^{\text{k.}},101.$$

139.

Combien faudrait-il de kilogrammes de glace à zéro pour amener à 10 degrés centigrades l'eau contenue dans un bassin à bord circulaire et à fond horizontal, dont la circonférence supérieure serait de 8m.,30, la circonférence inférieure de 6m.,15 et la hauteur de 1m.,76, ce bassin étant rempli d'eau à moitié de sa hauteur et la température de l'eau du bassin étant de 30°.

Calculons le poids de l'eau renfermée dans le bassin : cette eau occupe une partie d'un tronc de cône dont les rayons des bases, supérieure et inférieure, sont AB et EF, et dont la hauteur est DF; mais, d'après l'énoncé,

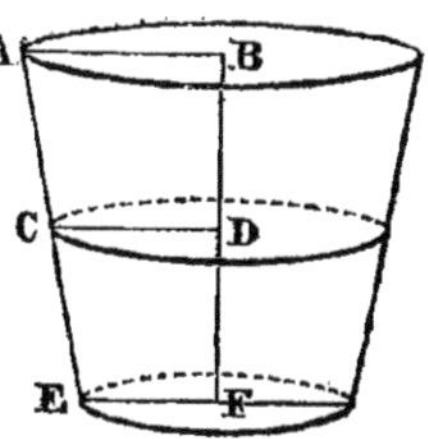

$$AB = \frac{8,30}{2\pi} = 1^{m.},3210,$$

$$EF = \frac{6,15}{2\pi} = 0^{m.},9788 :$$

d'où

$$CD, \text{ rayon moyen}, = \frac{AB + EF}{2} = 1,1499;$$

et

$$DF, \text{ hauteur du liquide}, = \frac{1,76}{2} = 0,88.$$

Le volume V du liquide sera donné par la formule

$$V = \frac{\pi DF}{3}(CD^2 + EF^2 + CD \,.\, EF)$$

$$= \frac{3,1415 \times 0,88}{3}[(1,1499)^2 + (0,9788)^2$$

$$+ 1,1499 \times 0,9788].$$

Effectuant le calcul, il vient

$$V = 3^{m.\,cub.},137593;$$

et comme le mètre cube d'eau vaut 1000 kilogrammes, on aura

$$P = 3137^{k.},593.$$

Appelons x le poids de la glace demandé, $79x$ représentera la chaleur absorbée par la glace pour passer à 0°, et $10x$ représentera la chaleur gagnée par la glace fondue pour s'élever de 0° à 10°.

D'un autre côté, la chaleur cédée par l'eau égale

$$3137,593\,(30 - 10);$$

donc on aura, puisque le gain égale la perte,

$$79x + 10x = 3137,593 \times 20,$$

d'où

$$x = 705^{k.},077.$$

140.

La capacité de l'or pour la chaleur est 0,0298, celle de l'eau étant prise pour unité. On demande combien il faudra de ce métal à 45° pour élever de 12°,3 à 15°,7 la température de 1k.,00058 d'eau.

L'or doit descendre de 45° à 15°,7. Si donc on désigne par x le poids cherché, la chaleur perdue par l'or sera donnée par la formule

$$x\,(45 - 15,7)\ 0,0298.$$

Celle que l'eau absorbe sera exprimée par

$$1^{k.},00058\,(15,7 - 12,3);$$

et comme le gain est égal à la perte, on aura

$$x\,(45 - 15,7) \times 0,0298 = 1^{k.},00058\,(15,7 - 12,3),$$

d'où

$$x = 3^{k.},896.$$

141.

Un ballon sphérique de $0^{m.},14$ de rayon est rempli de mercure à la température de 70°. On verse ce mercure dans de l'eau à 4°, qui remplit à moitié un vase cylindrique de $0^{m.},40$ de hauteur et de $0^{m.},20$ de rayon. On sait que la densité du mercure est de 13,59, son coefficient de dilatation 0,00018024, et sa capacité pour la chaleur 0,033. On demande quelle sera la température du mélange, en supposant nulle la température des parois du vase.

Le volume V du ballon sera donné par la formule

$$\frac{4}{3}\pi R^3,$$

d'où

$$V = \frac{4}{3}\pi R^3 = 4 \times 1,047 \times 2^{\text{déc. cub.}},744 = 11^{\text{déc. cub.}},492.$$

Cherchons la densité du mercure à 70°. Elle est donnée par la formule

$$d' = \frac{d}{1 + Kt},$$

d étant la densité à 0° ou 13,59, K ou 0,00018024 étant le coefficient de dilatation, et t étant égal à 70°. Remplaçant et effectuant, il vient

$$d' = \frac{13,59}{1 + 0,00018024 \times 70} = \frac{1359000000}{100000000 + 18024 \times 70},$$

d'où

$$d' = 13,4107.$$

Le poids du mercure à 70° sera donc

$$11,494 \times 13,4107 = 154^{k.},142.$$

D'un autre côté, le volume du cylindre occupé par l'eau sera

$$\frac{\pi R^2 H}{2} = \frac{3,1416 \times 4 \times 4}{2} = 25^{\text{déc. cub.}},133,$$

puisque l'eau n'occupe que la moitié de ce cylindre. L'eau contenue dans le cylindre pèsera donc $25^{\text{k.}},133$.

Soit x la température finale; la quantité de chaleur absorbée par l'eau, qui était d'abord à 4°, sera

$$25,133\,(x - 4).$$

D'autre part, la quantité de chaleur perdue par le mercure sera

$$154,142\,(70 - x) \times 0,033,$$

et comme le gain égale la perte, on aura

$$25,133\,(x - 4) = 154,142 \times (70 - x) \times 0,033,$$

d'où

$$(25,133 - 154,142 \times 0,033)\,x = 154,142 \times 70 \times 0,033$$
$$+ 25,133 \times 4.$$

Effectuant, il vient successivement

$$(25,133 - 5,086686)\,x = 356,068 + 100,532,$$

$$x = \frac{456,600}{20,046} = 22^{\circ},8.$$

142.

Un parallélipipède de glace dont les dimensions sont $10^{m.},50$. $15^{m.},75$ et $20^{m.},45$ plonge dans de l'eau de mer; la densité de la glace est 0,930, et celle de l'eau de mer est 1,026. On demande quelle sera la hauteur du parallélipipède au-dessus de la surface de la mer.

Soient AC, CD, CE, les trois arêtes ayant respectivement 10,50, 15,75 et 20,45.

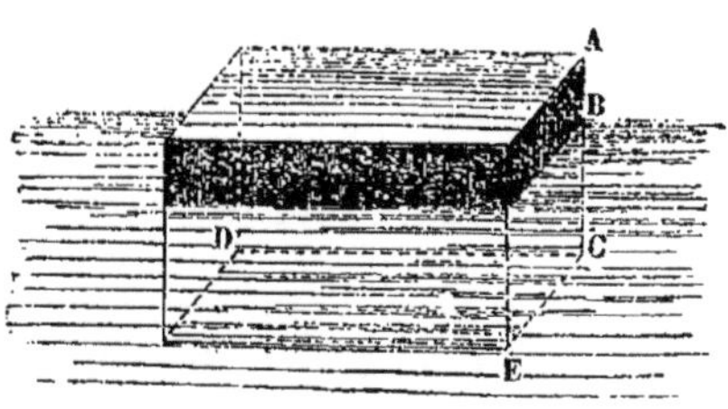

Le volume d'un parallélipipède rectangle étant égal au produit de ses trois dimensions, on aura pour ce volume V

$$V = 20{,}45 \times 10{,}50 \times 15{,}75 = 204{,}5 \times 105 \times 157{,}5^{\text{déc. cub.}}$$

et le poids P de ce parallélipipède sera en kilogrammes

$$P = 204{,}5 \times 105 \times 157{,}5 \times 0{,}930 = 3145184^{k.},44.$$

Soit $CB = x$, le volume du parallélipipède qui reste dans l'eau sera

$$CB \times CE \times CD = x \times 204{,}5 \times 157{,}5;$$

donc le poids de l'eau de mer déplacée par la glace sera

$$x \times 204{,}5 \times 157{,}5 \times 1{,}026.$$

Ce poids devant être égal à celui du parallélipipède, puisque le corps flotte, on aura

$$x \times 204{,}5 \times 157{,}5 \times 1{,}026 = 3145184{,}44,$$

d'où

$$x = \frac{3145184{,}44}{204{,}5 \times 157{,}5 \times 1{,}026} = 9^{m.},517.$$

La hauteur cherchée ou AB sera donc

$$AB = AC - CB = 105 - 95{,}17 = 9^{\text{déc.}},83.$$

143.

On a une sphère de platine de $0^{m.},05$ de rayon à 95°; on la plonge dans deux litres d'eau à 40°. On demande la température de l'eau lorsque l'équilibre s'est établi. La capacité calorifique du platine est 0,0324; son coefficient de dilatation est 0,000008842, et sa densité 22,07.

Soit P le poids de la sphère de platine, et x le nombre de degrés de chaleur perdue par cette sphère quand elle passe de 95° à x°. La quantité de chaleur qu'elle cède sera donnée par la formule

$$P(95 - x)\,0{,}0324.$$

Les deux litres d'eau, en s'échauffant de 4° à x°, absorbent une quantité de chaleur marquée par

$$2\,(x - 4).$$

On doit donc avoir, pour trouver x, l'équation

$$P\,(95 - x)\,0{,}0324 = 2\,(x - 4). \qquad (1)$$

Déterminons P.

Soit V′ le volume de la sphère de platine à 95° et V son volume à zéro, on aura

$$V = \frac{V'}{1 + Kt};$$

mais

$$V' = \frac{4}{3}\pi R^3 = 4 \times 1{,}047 \times 125^{c.\ cub.} = 523^{c.\ cub.}{,}500,$$

d'où

$$V = \frac{523{,}500}{1 + 0{,}000008842 \times 95} = \frac{523500000000}{1000000000 + 8842 \times 95} = 523^{c.\ cub.}{,}060.$$

Donc, d'après la formule $P = VD$, le poids demandé sera

$$P = 523^{g.}{,}060 \times 22{,}07 = 11^{k.}{,}544^{g.}.$$

Remplaçant P par cette valeur dans (1) il vient

$$11,544\,(95-x)\,0,0324=2\,(x-4)\,;$$

d'où

$$11,544\times95\times0,0324-11,544\times0,0324\times x=2x-8,$$

et par suite

$$x\,(2+11,544\times0,0324)=11,544\times95\times0,0324+8,$$

$$x=\frac{11,544\times95\times0,0324+8}{2+11,544\times0,0324}.$$

Effectuant, on trouve

$$x=18^\circ,3.$$

144.

Un vase sphérique de rayon intérieur égal à $\frac{2}{3}$ de mètre est formé d'une matière dont le coefficient de dilatation linéaire égale $\frac{1}{2500}$. On demande combien de kilogrammes de mercure renferme ce vase : 1° à 0 degré; 2° à 25 degrés.

Le volume du vase est donné par la formule

$$V=\frac{4}{3}\pi R^3\,;$$

d'où

$$V=\frac{4\times3,141\times8}{3\times27}.$$

Le poids cherché sera donc, d'après la formule P = VD,

$$P=\frac{4\times3,141\times8\times13,6}{3\times27},$$

13,6 représentant la densité du mercure à 0°.

Effectuant les calculs, il vient

$$P=16,8760\,;$$

et comme le poids est exprimé en mille kilogrammes, puisque le volume était évalué en mètres cubes, on aura

$$P = 16876^{\text{kilog.}}.$$

Cherchons maintenant le volume V' à 25°. Nous avons

$$V' = V(1 + Kt);$$

mais K, coefficient de la dilatation cubique, est triple du coefficient de la dilatation linéaire $\frac{1}{2500}$; d'où

$$V' = V\left(1 + \frac{3}{2500} \cdot 25\right) = V\left(1 + \frac{3}{100}\right) = V \times 1{,}03.$$

La densité D' à 25° est du reste donnée par la formule

$$D' = \frac{D}{1 + Kt};$$

d'où

$$D' = \frac{13{,}6}{1 + \frac{1}{2500} \cdot 25} = \frac{13{,}6 \cdot 100}{101}.$$

Le poids sera donc exprimé par

$$P' = V'D' = V \times 1{,}03 \times \frac{13{,}6 \cdot 100}{101}$$

$$= \frac{4 \times 3{,}141 \times 8 \times 1{,}03 \times 13{,}6 \times 100}{3 \times 27 \times 101};$$

d'où

$$P' = 16876 \times \frac{103}{101} = 16876 \times 1{,}02 = 17213^{\text{kilog.}}{,}500.$$

Comme vérification, on pourrait chercher l'accroissement du rayon R'. On a

$$R' = R(1 + Kt);$$

d'où

$$R'^3 = R^3 (1 + Kt)^3.$$

D'ailleurs

$$D' = \frac{D}{1 + Kt},$$

$$V' = \frac{4}{3}\pi R'^3,$$

et

$$P' = V'D' = \frac{4 \times \pi \times R^3 (1 + Kt)^3 . D}{3 . (1 + Kt)};$$

d'où

$$P' = \frac{4 . 3{,}141 \times 8 \times (1 + Kt)^2 . 13{,}6}{3 \times 27}$$

$$= \frac{4 \times 3{,}141 \times 8 (1{,}01)^2 . 13{,}6}{3 \times 27};$$

mais $(1{,}01)^2 = 1{,}02$: d'où le nombre trouvé pour P est bon.

145.

Trouver combien il faut de kilogrammes de vapeur d'eau pour élever 20 kilogrammes d'eau de 0° à 90°.

Soit x le nombre de kilogrammes cherché. Chaque kilogramme abandonnant 540 unités de chaleur, $540 . x$ sera la quantité de chaleur perdue par la vapeur d'eau en se condensant; mais cette vapeur doit passer de 100 à 90°, donc elle doit encore abandonner 10 unités de chaleur. Ainsi $540x + 10x$ sera la quantité de chaleur perdue par la vapeur d'eau.

D'un autre côté, chaque kilogramme d'eau, devant monter de 0 à 90°, absorbe 90 unités de chaleur; donc les 20 kilogrammes absorberont 20×90 unités de chaleur.

Et puisque la quantité de chaleur perdue par la vapeur d'eau est égale à celle gagnée par l'eau, on aura

$$540x + 10x = 20 \times 90;$$

d'où

$$550x = 20 \times 90,$$

et

$$x = \frac{2 \times 90}{55} = \frac{2 \times 18}{11} = 3^{k.},372.$$

146.

On fait avec de l'or dont la densité est 19,362 des feuilles qui ont un dix-millième de millimètre. Quelle surface pourrait-on recouvrir avec 10 grammes d'or?

Soit x la surface à recouvrir. Cette surface peut être assimilée à un parallélipipède rectangle dont la hauteur serait $0^{m.},0000001$ et dont le volume serait, par conséquent, exprimé par

$$x \times 0^{m.},0000001.$$

D'après la formule P=VD, on aurait

$$10^{g.} = x \times 0,0000001 \times 19,362;$$

d'où

$$x = \frac{10}{0,0000001 \times 19,362} = \frac{100000000000}{19362};$$

d'où

$$x = 5164655;$$

car le poids étant exprimé en grammes, x sera exprimé en centimètres carrés.

La surface à recouvrir sera donc de

$$516^{m.\ carr.},47^{déc.\ carr.},55^{cent.\ carr.}.$$

147.

Un ballon pèse $254^{gr.},735$ lorsqu'il est vide, et $5422^{gr.},788$ lorsqu'il est plein d'air à la température de 4°. On sait que le poids de l'air est à celui de l'eau comme 129 est à 100000. On demande la capacité du ballon.

Le poids de l'air sera évidemment égal à la différence entre le poids du ballon plein d'air et le poids du ballon vide, c'est-à-dire à

$$5422,788 - 254,735 \quad \text{ou à} \quad 5168^{g.},053.$$

Le poids de l'eau s'obtiendra, d'après l'énoncé, par la proportion

$$\frac{x}{5168,053} = \frac{100000}{129};$$

d'où

$$x = 4006242^{g.};$$

et comme 1 gramme d'eau est le poids de 1 centimètre cube d'eau, on aura pour la capacité du ballon

$$4^{m.\ cub.},6^{déc.\ cub.},242^{cent.\ cub.}.$$

148.

On plonge dans un bain de 20 litres d'eau à 80° une sphère en glace de 144 millimètres de rayon. Calculer la température du bain après la fusion de la glace, la chaleur latente étant 79,25.

Cherchons le poids de la sphère de glace. Ce poids nous est donné par la formule

$$P = VD;$$

d'où

$$P = \frac{4}{3}\pi R^3 . D = \frac{4}{3} \times 3,141 \times (1^{déc.},44)^3,$$

en supposant que la densité de la glace est égale à 1, et en exprimant le rayon de la sphère en décimètres pour avoir le poids en kilogrammes. On a ainsi

$$P = 4 \times 1,047 \times 2,986 = 12^{k.},506.$$

Désignons par x la température cherchée. La glace, en se fondant, absorbant 79,25 unités de chaleur, et absorbant encore x unités pour revenir de 0° à $x°$, la quantité de chaleur gagnée sera représentée par

$$12,506 \times 79,25 + 12,506 . x.$$

D'un autre côté, le bain devant retomber de 80° à $x°$, la chaleur perdue sera

$$20 (80 - x).$$

Et comme le gain est égal à la perte, on aura, pour déterminer x, l'équation

$$12,506 \times 79,25 + 12,506\,x = 20\,(80 - x)\,;$$

d'où

$$(12,506 + 20)x = 20 \times 80 - 12,506 \times 79,25,$$

$$x = \frac{1600 - 991,101}{32,506},$$

et

$$x = 18^{\circ},7.$$

149.

Étant donnée une sphère de cuivre de $0^{m.},18$ de rayon, creuse et contenant une sphère de platine de $0^{m.},05$ de rayon, de telle sorte qu'il n'y ait aucun vide entre les deux sphères, la densité étant, pour le platine 21,53, et pour le cuivre 8,85, calculer le poids de la masse ainsi formée.

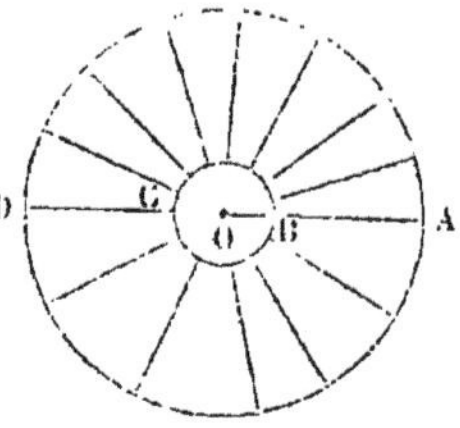

Exprimons les rayons en décimètres pour avoir le poids en kilogrammes. Nous avons

$$OA = 1^{déc.},8, \quad OB = 0^{déc.},5.$$

Le volume du cuivre ABCD ou X = sphère OA — sphère OB, d'où

$$X = \frac{4}{3}\pi\,(OA^3 - OB^3).$$

Le poids cherché sera donc, d'après P = VD,

$$\frac{4}{3}\pi\,(OA^3 - OB^3) \times 8,85,$$

augmenté du poids de la sphère de platine qui est donné par

$$\frac{4}{3}\pi\,OA^3 \times 21,53.$$

Or

$$OA^3 = 1,8^3 = 5,832,$$

$$OB^3 = 0,5^3 = 0,125;$$

d'où

$$OA^3 - OB^3 = 5,707.$$

Nous aurons donc pour le premier poids P et pour le second P' :

$$P = \frac{4}{3}\pi \times 5,707 \times 8,85.$$

$$P' = \frac{4}{3}\pi \times 0,125 \times 21,53.$$

Opérant par logarithmes, il vient

Calcul de P.

log 4	=	0,6020600
log π	=	0,4971499
log 5,707	=	0,7564079
log 8,85	=	0,9469433
C^t log 3	=	9,5228788
		— 10
log P	=	2,3254399
P	=	211^k·,562.

Calcul de P'.

log 4	=	0,6020600
log π	=	0,4971499
log 0,125	=	$\bar{1}$,0969100
log 21,53	=	1,3330440
C^t log 3	=	9,5228788
		—10
log P'	=	1,0520447
P'	=	11^k·,236.

Donc le poids demandé P + P' est de

222^k·,789.

Remarque. Le calcul précédent se ferait de la manière suivante sans l'emploi des tables :

$$P + P' = \frac{4}{3}\pi(5,707 \times 8,85 + 0,125 \times 21,53)$$

$$= \frac{4}{3}\pi(50,50695 + 2,69225)$$

$$= \frac{4}{3}\pi \times 53,19920 = 4 \times 1,047 \times 53,19920$$

$$= 222^{k.},78924960.$$

www.ingramcontent.com/pod-product-compliance
Ingram Content Group UK Ltd.
Pitfield, Milton Keynes, MK11 3LW, UK
UKHW020250250726
13967UKWH00004B/1597